ÜBUNGEN

Mathematik 10

Eine Aufgabensammlung
zum Wiederholen, Üben und Differenzieren

Schroedel

Übungen 10 · MATHEMATIK

Herausgegeben von Hermann Mohr

Bearbeitet von
Eugen Bauhoff, Hermann Mohr in Zusammenarbeit mit der Verlagsredaktion

Zur Differenzierung:
Die Aufgaben sind nach dem Schwierigkeitsgrad gekennzeichnet.
Es bedeuten:

3. 1. Stufe
4. 2. Stufe
5. 3. Stufe

Aufgaben zum Fehler suchen

✔ Aufgaben mit Selbstkontrolle

Zu diesem Band ist ein Lösungsheft unter der Bestell-Nr. 3-507-43071-1 lieferbar.

ISBN 3-507-43065-7

Druck A 5 4 3 2 1 **/ Jahr 2007 06 05 03 02**

Alle Drucke der Serie A sind im Unterricht parallel verwendbar.
Die letzte Zahl bezeichnet das Jahr dieses Druckes.

Illustrationen: H. J. Feldhaus, Münster
Zeichnungen: Michael Wojczak, Barsinghausen
Umschlagentwurf: Jürgen Kochinke
Satz: DTP-Studio Koch, Oberweißbach
Druck und Bindung: Westermann, Braunschweig

Inhaltsverzeichnis

1.1 Rechnen mit natürlichen Zahlen

Milliarden			Millionen			Tausender			Einer		
HMrd	ZMrd	Mrd	HMio	ZMio	Mio	HT	ZT	T	H	Z	E
					2	5	3	7	4	5	3
			6	0	4	6	3	0	5	5	7
	7	4	7	0	8	7	5	4	8	3	8

1. Was bedeuten die Abkürzungen in der 2. Zeile der Tabelle?

2. Schreibe die Zahlen ohne Stellentafel. Achte auf die Abstände zwischen den Zahlengruppen. Beispiel: 2 537 453. Lies die Zahlen vor.

3. Zeichne eine Stellentafel und trage die folgenden Zahlen ein.
6 246 17 043 6 453 264 817 042 3 812 634 123 679 243

4. Schreibe die Zahlen mit allen Ziffern.
Beispiel: 6,4 Mrd. = 6 400 000 000
6,4 Mrd. 3,7 Mio. 12,4 Mio. 0,75 Mio. 8,05 Mrd. 212,5 Mio.

5. Schreibe in Ziffern: dreihundertsechzigtausend, neuntausenddreihundertzehn, zweihundertvier.

6. Schreibe in Buchstaben: 317 907 619
1 037 16 512 111 024 6 101 907

Runde auf die angegebene Stelle. Wenn du die gerundeten Ergebnisse addierst, erhältst du die Zahl im Kästchen.

7. 3 754 auf H
3 754 auf Z
3 754 auf T
11 550

8. 27 388 auf Z
27 388 auf T
27 388 auf H
81 790

9. 349 697 auf HT
349 697 auf H
349 697 auf T
999 700

10. Wie groß ist der Unterschied zwischen der genauen Zahl und der gerundeten Zahl?

genau:	193 787	193 787	193 787	193 787	193 787
gerundet:	auf HT	auf ZT	auf T	auf H	auf Z

11. Bis 1924 waren die Währungseinheiten Mark und Pfennig. In den letzten Tagen der Inflationszeit von 1922/23 kostete ein Brot rund 700 Milliarden Mark. Wie viel Mark bekam man zurück, wenn man mit einem 1-Billion-Markschein bezahlte?

12. Am 1. 1. 2002 sind die Währungseinheiten D-Mark und Pfennig durch Euro und Cent abgelöst worden. Für 1 DM bekam man rund 0,5113 €. Rechne um und runde auf Cent.
30 DM 85 DM 750 DM 660 DM 1230,47 DM 2735,75 DM

Aufgaben zum mündlichen Rechnen

1.	2.	3.	4.	5.	6.
+ 120	+ 400	+ 550	+ 170	+ 300	+ 190
170	1 700	750	690	1 800	310
250	2 600	920	500	7 700	870
680	3 100	840	240	2 100	450
710	7 600	930	900	4 200	630

Und nun subtrahieren.

7.	8.	9.	10.	11.	12.
− 120	− 400	− 550	− 170	− 300	− 190
170	1 700	750	690	1 800	310

Rechne geschickt

13. 359 − 29 + 44 + 16
787 − 57 + 96 − 56
362 − 29 + 38 + 49

14. 425 + 249 − 39 − 15
548 + 143 − 28 + 17
130 + 180 + 70 − 60

15. 273 + 35 − 63 − 135
698 − 36 − 88 + 166
440 − 90 + 60 − 110

16. 10 · 10
10 · 100
100 · 100

17. 11 · 18
11 · 180
110 · 180

18. 14 · 15
14 · 150
140 · 150

19. 12 · 13
12 · 130
120 · 130

20. 18 · 16
18 · 160
180 · 160

Notiere die Ergebnisse und addiere sie. Die Summe steht im Kästchen.

21. 72 000 : 80
48 000 : 60
54 000 : 90
[2 300]

22. 32 000 : 800
27 000 : 900
49 000 : 700
[140]

23. 36 600 : 600
63 900 : 900
35 500 : 500
[203]

24. 1 530 : 15
2 828 : 14
5 134 : 17
[606]

Rechne wie im Beispiel: 176 − 99 = 176 − 100 + 1 = 77

25. 176 − 99
243 − 99
712 − 99

26. 314 − 199
627 − 199
821 − 199

27. 720 − 199
810 − 199
530 − 199

28. 746 − 299
807 − 399
987 − 399

29. 513 − 499
778 − 599
831 − 599

30. 51 · 2
51 · 4
51 · 8

31. 73 · 2
73 · 4
73 · 8

32. 88 : 2
88 : 4
88 : 8

33. 144 : 2
144 : 4
144 : 8

34. 816 : 2
816 : 4
816 : 8

35. Das Doppelte und das Dreifache einer Zahl sind zusammen 75 (115).

36. Nenne alle Zahlen zwischen 1 und 20, die durch 2 und durch 3 teilbar sind.

37. Bilde die Quersumme der folgenden Zahlen und prüfe, ob sie durch 3 oder durch 9 teilbar sind: 1 437 2 484 6 305 18 045 270 945 347 005

38. Durch welche Zahlen zwischen 1 und 20 lässt sich 144 ohne Rest teilen ? Notiere sie.

Aufgaben zum schriftlichen Rechnen

Überschlage zuerst, dann rechne genau.

1. $1\,625 \cdot 21$
$4\,387 \cdot 57$
$2\,009 \cdot 43$
$9\,094 \cdot 63$
$6\,503 \cdot 71$

2. $354 \cdot 57$
$728 \cdot 128$
$932 \cdot 735$
$708 \cdot 907$
$831 \cdot 405$

3. $1\,568 : 28$
$3\,735 : 83$
$3\,249 : 57$
$6\,867 : 21$
$1\,575 : 35$

4. $5\,883 : 111$
$9\,702 : 231$
$9\,684 : 807$
$2\,091 : 123$
$1\,683 : 187$

$1600 \cdot 20 = 32\,000$

1625 · 21
3250
1625
34125

Vergleiche die Ergebnisse. Was fällt dir auf?

5. $1\,017 + 217$
$1\,904 + 437$
$2\,814 + 598$

6. $5\,914 - 1\,360$
$7\,618 - 2\,173$
$8\,168 - 3\,614$

7. $12\,335 + 54\,331$
$18\,431 + 59\,346$
$39\,705 + 49\,183$

8. $38\,604 - 4\,827$
$80\,199 - 2\,866$
$78\,765 - 5\,028$

Wenn du die Ergebnisse addierst, erhältst du die Zahl im Kästchen.

9. $428 \cdot 207$
$359 \cdot 532$
$673 \cdot 805$
[821 349]

10. $3\,112 \cdot 47$
$6\,814 \cdot 58$
$8\,007 \cdot 44$
[893 784]

11. $4\,945 : 43$
$7\,254 : 78$
$3\,431 : 47$
[281]

12. $31\,434 : 806$
$58\,860 : 327$
$40\,376 : 412$
[317]

13. Nadine und Anja lösen die Aufgabe: $43 + 129 \cdot 14$
Nadine rechnet so: $43 + 129 = 172$ $\quad 172 \cdot 14 = 2\,408$
Anja rechnet so: $129 \cdot 14 = 1\,806$ $\quad 1\,806 + 43 = 1\,849$
Wer hat die Aufgabe richtig gelöst? Welche Regel gilt?

14. $184 + 39 \cdot 27$
$(184 + 39) \cdot 27$

15. $612 - 33 \cdot 14$
$(612 - 33) \cdot 14$

16. $72 + 744 : 24$
$(72 + 744) : 24$

17. $540 - 90 : 45$
$(540 - 90) : 45$

18. $217 \cdot 13 + 281$
$217 \cdot (13 + 281)$

19. $462 : 22 - 20$
$462 : (22 - 20)$

20. $2\,295 : 51 - 34$
$2\,295 : (51 - 34)$

21. $2\,835 : 63 - 42$
$2\,835 : (63 - 42)$

Wenn du die Ergebnisse addierst, erhältst du die Zahl im Kästchen.

22. $487\,364 - (938 + 17\,008)$
$217\,097 - (8\,709 + 22\,114)$
$379\,112 - (9\,907 + 33\,556)$
[991 341]

23. $(317\,038 - 859) - (1\,589 + 949)$
$(831\,504 - 989) - (8\,821 - 547)$
$(912\,374 - 198) - (5\,307 - 681)$
[2 043 432]

24. Subtrahiere 109 371 von der Differenz der Zahlen 441 903 und 88 619.

25. Multipliziere die Summe aus 1 763 und 935 mit 241.

26. Dividiere das Produkt aus 25 632 und 17 durch 32.

27. $37\,845 - 11\,236 - 21\,088 + 53\,909 - 5\,788 - 12\,430 + 4\,316$

1.2 Rechnen mit Brüchen

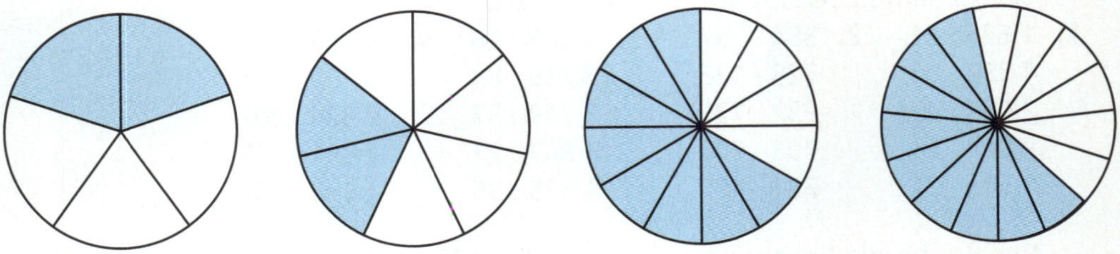

1. Jeder Kreis stellt ein Ganzes dar, das in Bruchteile zerlegt ist. Wie groß ist jeweils ein Bruchteil? Beispiel: $1 : 5 = \frac{1}{5}$

$1 : 5 = \square$ $\quad 1 : 7 = \square$ $\quad 1 : 12 = \square$ $\quad 1 : 15 = \square$

2. Welche Bruchteile der Kreise sind farbig, welche nicht? Beispiel: $\frac{2}{5} + \frac{3}{5} = \frac{5}{5} = 1$

3. Das Divisionszeichen (geteilt durch) und der Bruchstrich haben dieselbe Bedeutung. Schreibe als Division oder als Bruch. Beispiel: $13 : 17 = \frac{13}{17}$

$13 : 17 \quad 32 : 89 \quad \frac{18}{19} \quad \frac{17}{35} \quad 48 : 93 \quad 20 : 81 \quad \frac{35}{57} \quad 7 : 100$

4. „Echte" Brüche sind kleiner als 1, „unechte" größer als 1. Schreibe die unechten Brüche als gemischte Zahlen oder umgekehrt.

$\frac{9}{5} \quad \frac{12}{7} \quad 2\frac{3}{4} \quad 3\frac{7}{9} \quad \frac{19}{18} \quad \frac{27}{16} \quad 7\frac{13}{24} \quad 9\frac{15}{17} \quad \frac{126}{100}$

5. Erweitere mit 3 (5, 8, 9):

$\frac{3}{4} \quad \frac{2}{7} \quad \frac{9}{13} \quad \frac{2}{5} \quad \frac{7}{9} \quad \frac{12}{13} \quad \frac{15}{17}$

Erweitern:
$\frac{3}{4} = \frac{3 \cdot 3}{4 \cdot 3} = \frac{9}{12}$

6. Kürze so weit wie möglich:

$\frac{16}{20} \quad \frac{16}{24} \quad \frac{18}{21} \quad \frac{21}{36} \quad \frac{35}{42}$

Kürzen:
$\frac{16}{20} = \frac{16:4}{20:4} = \frac{4}{5}$

7. Wie heißen die fehlenden Zahlen?

$\frac{3}{4} = \frac{\square}{12} \quad \frac{12}{24} = \frac{1}{\square} \quad \frac{38}{57} = \frac{2}{\square} \quad \frac{13}{18} = \frac{\square}{36} \quad \frac{14}{17} = \frac{42}{\square} \quad \frac{11}{12} = \frac{99}{\square}$

8. Bringe jeweils die drei Brüche auf den Hauptnenner.

$\frac{1}{3}\ \frac{3}{4}\ \frac{5}{6} \qquad \frac{9}{10}\ \frac{2}{5}\ \frac{1}{4} \qquad \frac{7}{9}\ \frac{2}{3}\ \frac{1}{2} \qquad \frac{5}{6}\ \frac{5}{8}\ \frac{5}{24} \qquad \frac{3}{4}\ \frac{3}{8}\ \frac{3}{10}$

Rechne wie im Beispiel: 4 von 5 = $\frac{4}{5}$

9. 4 von 5 | 27 von 50 | 6 von 25 | 19 von 50 | 3 von 25 | 6 von 10
2 von 4 | 13 von 20 | 7 von 10 | 17 von 20 | 7 von 25 | 3 von 5

10. Schreibe als natürliche Zahl: $\frac{15}{3} \quad \frac{18}{6} \quad \frac{30}{5} \quad \frac{48}{16} \quad \frac{55}{11} \quad \frac{63}{7} \quad \frac{81}{9} \quad \frac{100}{10}$

11. Schreibe als gemischte Zahl: $\frac{17}{7} \quad \frac{29}{8} \quad \frac{49}{5} \quad \frac{16}{3} \quad \frac{36}{8} \quad \frac{71}{9} \quad \frac{63}{6} \quad \frac{27}{4}$

12. Schreibe als unechten Bruch: $2\frac{1}{3} \quad 6\frac{1}{2} \quad 8\frac{4}{9} \quad 3\frac{1}{3} \quad 5\frac{3}{7} \quad 1\frac{4}{5} \quad 6\frac{2}{7} \quad 3\frac{6}{7} \quad 4\frac{3}{4}$

13. Ergänze zur Zahl 4: $3\frac{9}{100} \quad 3\frac{1}{15} \quad 2\frac{4}{9} \quad 2\frac{1}{5} \quad 1\frac{17}{20} \quad 1\frac{5}{12} \quad 1\frac{1}{7} \quad \frac{14}{15} \quad \frac{7}{10} \quad \frac{1}{8}$

Addieren und Subtrahieren

1. $\frac{3}{8}+\frac{1}{2}$; $\frac{3}{4}+\frac{1}{3}$; $\frac{6}{7}+\frac{1}{2}$

2. $\frac{5}{6}-\frac{1}{3}$; $\frac{3}{5}-\frac{1}{2}$; $\frac{2}{3}-\frac{1}{9}$

3. $\frac{4}{9}+\frac{5}{6}$; $\frac{5}{6}+\frac{3}{8}$; $\frac{3}{5}+\frac{5}{8}$

4. $\frac{5}{7}-\frac{2}{3}$; $\frac{5}{9}-\frac{3}{7}$; $\frac{8}{11}-\frac{2}{3}$

$\frac{3}{8}+\frac{1}{2}=\frac{3}{8}+\frac{4}{8}=\underline{\underline{\frac{7}{8}}}$

$\frac{5}{6}-\frac{1}{3}=\frac{5}{6}-\frac{2}{6}=\frac{3}{6}=\underline{\underline{\frac{1}{2}}}$

5. $\frac{1}{2}+\frac{1}{3}+\frac{1}{6}$; $\frac{1}{4}+\frac{2}{5}+\frac{3}{10}$; $\frac{1}{5}+\frac{1}{3}+\frac{1}{2}$; $\frac{1}{2}+\frac{1}{4}+\frac{1}{8}$

6. $\frac{9}{10}-\frac{1}{3}-\frac{2}{5}$; $\frac{11}{12}-\frac{1}{3}-\frac{1}{4}$; $\frac{14}{15}-\frac{1}{3}-\frac{2}{9}$; $\frac{11}{12}-\frac{1}{6}-\frac{2}{3}$

7. $\frac{1}{2}+\frac{1}{4}-\frac{1}{3}$; $\frac{2}{3}+\frac{3}{4}-\frac{5}{8}$; $\frac{5}{6}+\frac{1}{2}-\frac{2}{3}$; $\frac{3}{4}+\frac{1}{2}-\frac{3}{8}$

8. $\frac{5}{6}+\frac{5}{18}-\frac{2}{3}$; $\frac{3}{4}-\frac{3}{5}+\frac{7}{10}$; $\frac{11}{12}-\frac{2}{15}+\frac{7}{10}$; $\frac{7}{15}-\frac{1}{6}+\frac{3}{5}$

9. $1\frac{11}{12}+\frac{7}{15}$; $6\frac{7}{9}-\frac{4}{15}$; $4\frac{19}{24}+\frac{5}{18}$; $3\frac{11}{14}+\frac{5}{21}$

Wenn du die Ergebnisse addierst, erhältst du die Zahl im Kästchen.

10. $\frac{3}{4}+\frac{19}{24}$; $\frac{19}{20}-\frac{7}{10}$ — $1\frac{19}{24}$

11. $\frac{3}{5}+\frac{4}{9}$; $\frac{3}{5}-\frac{2}{15}$ — $1\frac{23}{45}$

12. $\frac{4}{7}+\frac{1}{2}$; $\frac{1}{2}-\frac{3}{14}$ — $1\frac{5}{14}$

13. $1\frac{9}{10}+\frac{1}{5}$; $2\frac{3}{5}-\frac{2}{15}$ — $4\frac{17}{30}$

14. $2\frac{3}{20}+1\frac{5}{12}$; $3\frac{7}{10}-2\frac{1}{6}$ — $5\frac{1}{10}$

Multiplizieren und Dividieren

Vergiss das Kürzen nicht!

15. $2\cdot\frac{3}{8}$; $5\cdot\frac{7}{10}$; $6\cdot\frac{4}{15}$; $\frac{5}{12}\cdot 8$; $\frac{7}{24}\cdot 16$; $\frac{7}{18}\cdot 27$

16. $\frac{8}{9}:2$; $\frac{9}{10}:3$; $\frac{10}{11}:2$; $\frac{16}{17}:8$; $\frac{25}{36}:5$; $\frac{12}{25}:4$

$2\cdot\frac{3}{8}=\frac{{}^{1}\cancel{2}\cdot 3}{\cancel{8}^{4}}=\underline{\underline{\frac{3}{4}}}$

$\frac{8}{9}:2=\frac{\cancel{8}^{4}}{9\cdot\cancel{2}^{1}}=\underline{\underline{\frac{4}{9}}}$

17. $1\cdot\frac{1}{2}$; $\frac{1}{2}\cdot\frac{1}{2}$; $\frac{1}{4}\cdot\frac{1}{2}$; $\frac{1}{3}\cdot\frac{1}{5}$

18. $1\cdot\frac{1}{3}$; $\frac{1}{2}\cdot\frac{1}{3}$; $\frac{1}{4}\cdot\frac{1}{3}$; $\frac{1}{7}\cdot\frac{1}{6}$

19. $1\cdot\frac{2}{3}$; $\frac{1}{3}\cdot\frac{2}{3}$; $\frac{1}{9}\cdot\frac{2}{3}$; $\frac{1}{8}\cdot\frac{7}{4}$

20. $3:1$; $3:\frac{1}{2}$; $3:\frac{1}{4}$; $3:\frac{1}{5}$

21. $16:1$; $16:\frac{1}{4}$; $16:\frac{1}{16}$; $16:\frac{1}{8}$

22. $25:1$; $25:\frac{1}{5}$; $25:\frac{1}{25}$; $25:\frac{1}{10}$

Einige Aufgaben sind nicht richtig gelöst. Welche?

23. $\frac{8}{15}\cdot\frac{3}{4}=\frac{2}{5}$; $\frac{7}{12}\cdot\frac{4}{5}=\frac{4}{15}$; $\frac{36}{49}\cdot\frac{35}{48}=\frac{15}{48}$

24. $\frac{3}{10}:\frac{4}{5}=\frac{3}{8}$; $\frac{2}{3}:\frac{4}{9}=1\frac{1}{2}$; $\frac{16}{25}:\frac{24}{35}=\frac{14}{15}$

$\frac{8}{15}\cdot\frac{3}{4}=\frac{\cancel{8}^{2}\cdot\cancel{3}^{1}}{\cancel{15}^{5}\cdot\cancel{4}^{1}}=\underline{\underline{\frac{2}{5}}}$

$\frac{3}{10}:\frac{4}{5}=\frac{3\cdot\cancel{5}^{1}}{{}^{2}\cancel{10}\cdot 4}=\underline{\underline{\frac{3}{8}}}$

Wandle die gemischte Zahl in einen unechten Bruch um. Rechne aus.

25. $7\frac{1}{2}\cdot 3\frac{3}{5}$; $6\frac{3}{4}\cdot 3\frac{1}{9}$; $9\frac{1}{3}\cdot 2\frac{3}{7}$

26. $7\frac{1}{2}\cdot 6\frac{2}{3}$; $2\frac{4}{7}\cdot 2\frac{1}{12}$; $9\frac{3}{4}\cdot 2\frac{2}{13}$

27. $1\frac{1}{7}:6$; $4\frac{1}{2}:12$; $7\frac{1}{2}:15$

28. $5\frac{5}{6}:\frac{2}{3}$; $7\frac{7}{8}:\frac{3}{4}$; $6\frac{2}{5}:\frac{4}{5}$

29. $6\frac{1}{4}:5\frac{5}{9}$; $3\frac{1}{4}:1\frac{3}{4}$; $4\frac{7}{8}:3\frac{1}{4}$

Vermischte Übungen

1. Zur Kaffeetafel erwartet der Wirt 24 Personen. Er rechnet, dass jede Person etwa 3 Tassen Kaffee trinkt. Eine Tasse fasst $\frac{1}{8}$ *l*. Wie viel Liter Kaffee müssen aufgebrüht werden?

2. Eine Reisegesellschaft mit 48 Personen soll zum Kaffee pro Person ein Stück Torte bekommen. Ein Stück ist ein Sechzehntel einer ganzen Torte. Wie viele Torten werden benötigt?

3.	**4.**	**5.**	**6.**	**7.**	**8.**
$\cdot \frac{7}{10}$	$\cdot 1\frac{1}{2}$	$\cdot 2\frac{2}{5}$	$: \frac{2}{3}$	$: \frac{8}{15}$	$: 3\frac{2}{3}$
$\frac{5}{7}$	$\frac{2}{3}$	$\frac{5}{6}$	$\frac{1}{3}$	$\frac{4}{5}$	$3\frac{1}{7}$
$\frac{5}{9}$	$\frac{4}{9}$	$\frac{3}{4}$	$\frac{6}{7}$	$\frac{7}{10}$	$1\frac{2}{9}$
$\frac{10}{21}$	$\frac{6}{7}$	$\frac{1}{3}$	$\frac{4}{9}$	$\frac{16}{45}$	$5\frac{1}{2}$

9. $\frac{3}{4} + \frac{19}{24}$; $\frac{3}{5} + \frac{13}{15}$; $\frac{1}{6} + \frac{17}{18}$

10. $\frac{19}{20} - \frac{7}{10}$; $\frac{17}{20} - \frac{3}{5}$; $\frac{3}{4} - \frac{5}{24}$

11. $\frac{3}{5} + \frac{4}{9}$; $\frac{4}{7} + \frac{5}{11}$; $\frac{7}{8} + \frac{5}{9}$

12. $3\frac{1}{2} + 2\frac{2}{3}$; $5\frac{1}{12} + 2\frac{3}{8}$; $1\frac{3}{5} + 2\frac{1}{6}$

13. $5\frac{3}{25} - 3\frac{7}{15}$; $9\frac{11}{16} - 3\frac{13}{24}$; $8\frac{3}{8} - 2\frac{11}{12}$

14. $\frac{1}{6} + \frac{1}{10} + \frac{1}{15}$; $\frac{19}{20} - \frac{7}{15} - \frac{1}{12}$; $\frac{2}{3} + \frac{3}{15} - \frac{2}{9}$

15. $\frac{14}{15} - \frac{3}{10} + \frac{11}{30}$; $\frac{3}{4} - \frac{2}{3} + \frac{1}{9}$; $\frac{7}{8} - \frac{3}{10} - \frac{9}{20}$

16. $7 + \frac{1}{2} + \frac{1}{3} + \frac{5}{6}$; $9 - \frac{1}{4} - \frac{2}{3} - \frac{1}{6}$; $8 + \frac{3}{7} + \frac{1}{14} + \frac{1}{2}$

17. $1\frac{5}{12} + 2\frac{1}{2} + 3\frac{1}{4}$; $7\frac{1}{2} - 2\frac{1}{4} - 3\frac{1}{6}$; $7\frac{11}{12} + 9\frac{5}{9} + 3\frac{3}{4}$

Setze die fehlenden Brüche ein. Die Summe der fehlenden Brüche steht im Kästchen.

18. $\frac{2}{7} \cdot \square = \frac{2}{21}$; $\frac{5}{18} \cdot \square = \frac{5}{54}$; $\frac{6}{11} \cdot \square = \frac{2}{11}$ — Summe: 1

19. $\square \cdot \frac{2}{3} = \frac{1}{6}$; $\square \cdot \frac{1}{2} = \frac{3}{16}$; $\square \cdot \frac{2}{3} = \frac{1}{4}$ — Summe: 1

20. $\square : \frac{1}{3} = \frac{1}{2}$; $\square : \frac{3}{4} = \frac{2}{3}$; $\square : \frac{3}{8} = \frac{8}{9}$ — Summe: 1

21. $\frac{1}{2} : \square = \frac{1}{14}$; $\frac{1}{3} : \square = \frac{1}{6}$; $\frac{1}{8} : \square = \frac{1}{8}$ — Summe: 10

Kürze so weit wie möglich.

22. $\frac{35 \cdot 4}{21}$; $\frac{48 \cdot 6}{12}$; $\frac{9 \cdot 8}{72}$

23. $\frac{16 \cdot 8 \cdot 3}{24 \cdot 2}$; $\frac{18 \cdot 4 \cdot 5}{16 \cdot 3}$; $\frac{45 \cdot 12}{15 \cdot 3 \cdot 6}$

24. $1\frac{1}{6} \cdot 1\frac{3}{7} \cdot 1\frac{4}{5}$; $9 \cdot 6\frac{3}{5} : 2\frac{1}{5}$; $2\frac{1}{2} \cdot 2\frac{2}{5} \cdot 2\frac{2}{3}$; $8 \cdot 4\frac{3}{8} : 1\frac{1}{4}$

25. Setze das richtige Zeichen (<, >): $\frac{3}{8} \square \frac{4}{7}$; $\frac{5}{6} \square \frac{3}{4}$; $\frac{7}{8} \square \frac{8}{9}$; $\frac{7}{12} \square \frac{5}{8}$

Die Zahl im farbigen Kästchen ist das Ergebnis der letzten Aufgabe.

1. $\frac{1}{3} + \frac{1}{2} = \square$

$\square - \frac{5}{12} = \square$

$\square \cdot \frac{2}{3} = \square$

$\square : \frac{5}{18} = \boxed{1}$

2. $\frac{3}{4} \cdot \frac{1}{2} = \square$

$\square + \frac{1}{6} = \square$

$\square : \frac{1}{8} = \square$

$\square - 2\frac{1}{3} = \boxed{2}$

3. $2\frac{1}{2} : 1\frac{1}{2} = \square$

$\square - \frac{2}{9} = \square$

$\square \cdot 1\frac{1}{2} = \square$

$\square + \frac{5}{6} = \boxed{3}$

4. $\frac{1}{2} + \frac{1}{4}$ $\frac{2}{5} + \frac{1}{3}$ $\frac{5}{8} + \frac{3}{4}$

5. $\frac{1}{2} + \frac{1}{3}$ $\frac{1}{5} + \frac{1}{2}$ $\frac{1}{4} + \frac{1}{3}$

6. $\frac{1}{4} + \frac{1}{6}$ $\frac{1}{3} + \frac{1}{5}$ $\frac{1}{2} + \frac{3}{8}$

7. $\frac{7}{8} - \frac{1}{4}$ $\frac{11}{15} - \frac{1}{5}$ $\frac{19}{20} - \frac{1}{5}$

8. $\frac{11}{12} - \frac{1}{4}$ $\frac{17}{20} - \frac{2}{5}$ $\frac{14}{15} - \frac{2}{3}$

9. Zwei Ergebnisse sind falsch.

$\cdot$	$\frac{1}{6}$	$\frac{1}{9}$	$\frac{2}{3}$
$\frac{1}{2}$	$\frac{1}{12}$	$\frac{1}{18}$	$\frac{1}{6}$
$\frac{3}{4}$	$\frac{1}{8}$	$\frac{1}{12}$	$\frac{1}{3}$

10. Findest du Fehler?

$:$	$\frac{1}{2}$	$\frac{2}{3}$	$\frac{3}{5}$
$\frac{3}{4}$	$1\frac{1}{2}$	$1\frac{1}{12}$	$1\frac{1}{4}$
$\frac{3}{5}$	$1\frac{1}{5}$	$2\frac{1}{2}$	1

11. $51 \cdot \frac{3}{17}$ $75 \cdot \frac{1}{25}$ $70 \cdot \frac{13}{35}$

12. $5 \cdot 2\frac{3}{10}$ $4 \cdot 2\frac{1}{2}$ $4 \cdot 2\frac{1}{16}$

13. $2\frac{1}{3} \cdot 5$ $2\frac{1}{2} \cdot 8$ $1\frac{1}{6} \cdot 6$

14. $1\frac{2}{3} : 6$ $2\frac{1}{7} : 8$ $2\frac{3}{7} : 7$

15. $1\frac{2}{3} : 5$ $4\frac{1}{2} : 5$ $8\frac{1}{3} : 4$

16. $1\frac{7}{10} : \frac{3}{10}$ $2\frac{4}{5} : \frac{3}{10}$ $1\frac{5}{6} : \frac{3}{10}$

17. Erweitere auf Hundertstel: $\frac{2}{5}$ $\frac{7}{10}$ $\frac{7}{25}$ $\frac{1}{2}$ $\frac{3}{4}$ $\frac{7}{50}$ $\frac{7}{5}$ $\frac{3}{2}$

18. Kürze so weit wie möglich. Denke daran: $\frac{3}{4}$ von $\frac{8}{15} = \frac{3}{4} \cdot \frac{8}{15}$

$\frac{3}{4}$ von $\frac{8}{15}$ $\frac{3}{4}$ von $\frac{2}{5}$ $\frac{6}{7}$ von $\frac{2}{3}$ $\frac{2}{3}$ von $\frac{3}{5}$ $\frac{2}{3}$ von $\frac{9}{10}$ $\frac{4}{7}$ von $\frac{3}{4}$

19. Schreibe das Ergebnis als Hundertstel. Beispiel: 3 von 10 = 3 : 10 = $\frac{3}{10} = \frac{30}{100}$

3 von 10 4 von 25 6 von 50 3 von 4 20 von 50 7 von 20

Von oben nach unten, von links nach rechts und auch schräg: dasselbe Ergebnis.

20.

		$\frac{1}{4}$
	$\frac{1}{3}$	$\frac{3}{8}$
$\frac{5}{12}$		$\frac{3}{8}$

21.

$\frac{2}{3}$		$\frac{1}{2}$
	$\frac{5}{6}$	
$1\frac{1}{6}$		

22.

$\frac{13}{24}$		
$\frac{1}{3}$	$\frac{3}{8}$	$\frac{5}{12}$

1.3 Rechnen mit Dezimalbrüchen

Aufgaben zum mündlichen Rechnen

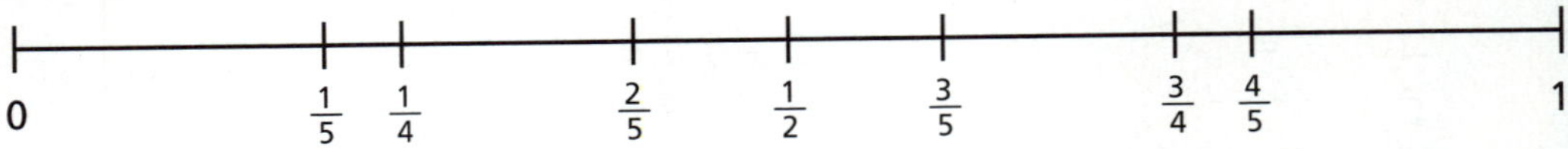

1. Dezimalbrüche sind Brüche, bei denen der Nenner 10, 100, 1000, ... ist. Erweitere die Brüche zuerst auf Hundertstel, dann auf Tausendstel.

2. Kürze so weit wie möglich.
$\frac{30}{100}$ $\frac{15}{100}$ $\frac{20}{100}$ $\frac{50}{100}$ $\frac{50}{1000}$ $\frac{8}{10}$ $\frac{25}{1000}$ $\frac{90}{100}$ $\frac{45}{1000}$ $\frac{60}{100}$

3. Wie groß ist der Unterschied zwischen:
0,4 und 0,7   0,7 und 0,10   1,5 und 0,15   2,4 und 24   1,5 und 0,09

4. Erweitere auf Tausendstel ($\frac{1}{2} = \frac{500}{1000} = 0{,}500$): $\frac{1}{2}$ $\frac{7}{25}$ $\frac{9}{50}$ $\frac{7}{20}$ $\frac{3}{4}$ $\frac{5}{8}$

5.	6.	7.	8.	9.
1,9 + 0,4	0,04 + 0,3	1,25 + 2,43	5,7 – 0,5	14,9 – 8,2
2,7 + 0,7	0,45 + 0,9	3,04 + 7,11	7,8 – 0,8	22,4 – 7,3
8,9 + 0,9	0,67 + 0,8	6,85 + 0,46	3,2 – 0,6	44,5 – 8,3

10. · 3	11. · 6	12. · 5	13. · 7	14. · 10	15. · 100
0,4	1,2	0,5	2,1	0,017	4,6
1,5	1,05	0,004	1,03	3,5	0,23
0,09	0,04	5,05	0,006	12,3	28,1
2,07	0,31	0,007	1,7	19,03	2,001

16.	17.	18.	19.	20.
0,5 · 0,3	1,2 · 0,8	0,4 · 0,03	6,4 : 0,8	35 : 0,7
0,4 · 0,7	1,5 · 0,6	0,5 · 0,07	6,4 : 0,08	0,49 : 0,07
0,8 · 0,2	1,9 · 0,3	0,8 · 0,09	8,1 : 0,9	5,4 : 0,09

21.	22.	23.	24.	25.
0,5 – 0,25	13,6 + 11,3	0,87 – 0,69	0,92 – 0,89	3,25 + 1,85
0,7 – 0,36	12,7 + 11,2	9,55 – 6,54	3,06 – 1,07	4,07 + 1,05
0,8 – 0,76	18,1 + 19,4	8,27 – 2,19	8,34 – 2,13	6,83 + 2,17

26. : 2	27. : 7	28. : 3	29. : 6	30. : 10	31. : 100
0,4	0,7	2,4	0,36	9,2	17,4
1,8	1,4	3,03	4,8	5,05	54,38
0,006	0,49	0,306	0,072	0,67	0,48
0,06	0,063	9,12	54,06	32,06	1,03

32. Berechne die Summe, die Differenz, das Produkt und den Quotienten.
0,8 und 0,4   1,2 und 0,3   30 und 1,5   6,3 und 0,3   0,36 und 0,3
0,7 und 0,5   1,7 und 0,8   40 und 1,6   7,7 und 0,4   0,75 und 0,1

Runden und Überschlagen

Z	E	z	h	t	zt
1	2	5	4	7	2
	7	4	8	5	3
4	8	8	7	4	5

1. Bei den Ziffern bis 4 heißt es „abrunden", von 5 an heißt es „aufrunden". Runde die Zahlen in der Tabelle auf t, h und z. Gehe jedes Mal von der Ausgangszahl aus.
Beispiel: 12,5472 ≈ 12,547 12,5472 ≈ 12,55 12,5472 ≈ 12,5

2. Runde auf h (z): 6,734 18,747 20,825 6,075 6,005 13,107

Schreibe als periodische Dezimalbrüche und runde auf t. Rechne wie im Beispiel:
$\frac{2}{3} = 2 : 3 = 0{,}6666... \approx 0{,}667$

3. $\frac{2}{3}$ $\frac{2}{9}$ $\frac{4}{9}$ $\frac{1}{6}$ $\frac{7}{9}$ $\frac{5}{6}$

4. $\frac{7}{11}$ $\frac{1}{12}$ $\frac{7}{12}$ $\frac{4}{15}$ $\frac{9}{11}$ $\frac{7}{30}$

Vor dem genauen Rechnen, ob schriftlich oder mit dem Taschenrechner, solltest du immer eine Überschlagsrechnung machen.

18 · 40 = 720
17,5 · 38,7
525
1400
1225
677,25

5. 17,5 · 38,7
32,7 · 51,4
48,2 · 10,7
57,3 · 11,6

6. 125,3 + 14,5
304,7 + 86,3
514,8 + 30,7
307,5 + 43,8

7. 36,632 : 0,76
98,723 : 3,67
24,192 : 1,89
38,394 : 1,58

Überschlage zuerst, dann rechne genau. Runde auf Zehntel.

8. 48,03 + 19,74
68,43 + 35,71

9. 17,94 – 16,07
68,76 – 42,30

10. 6,15 · 3,84
1,23 · 6,72

11. 14,73 : 7,84
1,437 : 7,84

Runde das Ergebnis auf Hundertstel. Die Summe der Ergebnisse steht im Kästchen.

12. 43,657 + 58,647
87,305 + 233,75
999,67 + 3,4855
6,4328 + 69,813
1 502,77

13. 137,849 – 4,837
612,080 – 83,492
707,707 – 77,777
9143,64 – 39,649
10 395,52

14. 3,48 · 6,49
8,93 · 0,57
7,04 · 0,03
8,87 · 7,08
90,69

15. 27,48 : 11,345
19,87 : 0,349
588,3 : 9,005
166,3 : 10,443
140,60

Einige Ergebnisse sind falsch. Du findest sie durch Überschlagen heraus.

16. 125,3 · 0,45 = 56,385
14,78 · 1,25 = 18,475
161,2 · 0,31 = 499,72

17. 48,34 · 29,5 = 142,603
52,07 · 13,4 = 697,738
19,48 · 40,1 = 781,148

18. 0,5229 : 0,3 = 17,43
32,589 : 17 = 19,17
5,4408 : 2,4 = 2,267

19. 415 628 + 25 475 + 191 723 857 582 – 439 540 – 31 096

Aufgaben zum schriftlichen Rechnen

Runde die Ergebnisse jedesmal auf Hundertstel.

1.	2.	3.	4.	5.	6.
· 3,5	· 3,05	· 0,78	: 3,5	: 3,05	: 0,78
4,64	4,64	14,04	17,7	17,7	14,06
8,34	8,34	28,31	28,9	28,9	28,31
9,73	9,73	39,79	43,5	43,5	29,79
8,04	8,04	40,01	58,9	58,9	40,01

Wenn du die erste Aufgabe gelöst hast, brauchst du bei den darunter stehenden nur das Komma an die richtige Stelle zu setzen.

7.	8.	9.	10.	11.
333 · 9	333 : 9	270 · 0,006	270 : 0,006	546 · 7
333 · 0,9	333 : 0,9	270 · 0,06	270 : 0,06	546 · 0,7
333 · 0,09	333 : 0,09	270 · 0,6	270 : 0,6	546 · 0,07
333 · 0,009	333 : 0,009	270 · 6	270 : 6	546 · 0,007

✓ Die Summe der Ergebnisse steht im Kästchen.

12. 321,265 + 83 + 123,7
27,405 + 1,719 + 213
[770,089]

13. 767,042 − 158 − 26,07
210,034 − 1,702 − 10,35
[780,954]

Hier sind Ziffern verschwunden. Welche sind es?

14.
  5 0 , ✱ 4
+ 2 ✱ , 9 3
  7 1 , 7 ✱

15.
  2 ✱ , 7 4
− 1 1 , ✱ 3
  ✱ 8 , 2 1

16.
  ✱ 9 7 , 3 ✱
− 1 8 ✱ , 1 5
  7 0 8 , 1 9

17.
  5 ✱ 4 , 0 7
− 1 0 ✱ , 0 ✱
  ✱ 2 4 , 9 8

18.
  4 0 9 8 , ✱
+ 5 ✱ 8 9 , 7
  9 1 ✱ 8 , 0

✓ Runde die Ergebnisse auf Hunderstel. Die Summe der Ergebnisse steht im Kästchen.

19. 8,05 · 7,8
9,43 · 2,9
[90,14]

20. 9,53 : 4,77
8,72 : 3,67
[4,38]

21. 58,4 · 16,31
79,3 · 48,52
[4 800,14]

22. 176 : 8,53
217 : 0,85
[275,92]

Alle Aufgaben haben dasselbe Ergebnis. Es steht im oberen Kästchen.

23.	24.	25.	26.
5,3	1,44	20,4	19,5
2,65 : □	0,12 · □	40,8 · □	100,37 − □
26,5 · □	8,74 − □	0,68 · □	18,3 + □
10,4 − □	0,288 : □	10,03 + □	117 : □
1,07 + □	0,73 + □	61,2 : □	0,39 · □

27. $2\frac{1}{4} : 0{,}15$ $\frac{4}{5} - 0{,}327$ $2{,}64 \cdot \frac{5}{8}$ $\frac{3}{8} + 0{,}081$ $(9 + 7\frac{4}{5}) : 2{,}1$

28. $8\frac{1}{5} \cdot 6{,}93$ $7{,}65 : 1\frac{4}{5}$ $0{,}92 \cdot 1\frac{3}{4}$ $15{,}4 : 1\frac{2}{5}$ $(16 + 16{,}4) : 1\frac{1}{8}$

Die Zahl im farbigen Kästchen ist das Ergebnis der letzten Aufgabe.

1. 81,81 : 0,9 = □
□ · 1,5 = □
□ – 36,35 = □
□ + 11 = **111**

2. 45,12 + 12,5 = □
□ : 0,2 = □
□ · 0,3 = □
□ + 135,57 = **222**

3. 1436 + 564 = □
□ · 0,05 = □
□ – 0,1 = □
□ : 0,3 = **333**

Runde die Ergebnisse auf Zehntel.

4. 3,65 · 9,12
8,06 · 4,32
7,14 · 5,19

5. 114,75 · 1,2
817,94 · 6,7
219,03 · 5,4

6. 36,05 : 1,67
47,13 : 2,49
54,72 : 3,84

7. 226,43 : 36,1
317,57 : 21,9
612,03 : 32,2

8. 31,7 : 41,4
64,7 : 85,6
10,8 : 13,5

Runde, wenn nötig, die Zwischenergebnisse und die Ergebnisse auf Hundertstel.

9. 3,5 · 6,4 – 1,5
3,5 · (6,4 – 1,5)
(3,5 + 6,4) : 1,5
3,5 + 6,4 : 1,5

10. 61,2 · 5,4 – 0,3
61,2 · (5,4 – 0,3)
(61,2 + 5,4) : 0,3
61,2 + 5,4 : 0,3

11. 112 · 0,7 + 1,5
112 · (0,7 + 1,5)
(112 + 0,7) : 0,3
112 + 0,7 : 1,5

12. Zwei Ergebnisse sind falsch.

·	0,05	0,02	0,03
72,86	3,643	1,4572	2,1848
50,42	2,521	1,084	1,5126

13. Welche Ergebnisse sind falsch?

:	1,8	0,6	0,02
81,648	45,36	136,08	408,24
1177,2	654	196,2	58,86

14. Rechne wie im Beispiel: $\frac{3}{100}$ von 635 = 0,03 · 635 = 19,05 ≈ 19,1

$\frac{3}{100}$ von 635 $\frac{2}{100}$ von 714 $\frac{75}{100}$ von 37,5 $\frac{68}{100}$ von 14,17 $\frac{33}{100}$ von 36,34

15. $\frac{3}{10} + 1{,}703$ $0{,}907 - \frac{2}{5}$ $6\frac{3}{4} + 4{,}082$ $3{,}8 - 1\frac{1}{4}$ $8\frac{1}{2} - 1{,}05$

16. $\frac{3}{4} - 0{,}2$ $1\frac{1}{2} - 0{,}25$ $2{,}8 - \frac{2}{5}$ $0{,}375 + \frac{3}{4}$ $3\frac{1}{4} + 0{,}7$

17. $\frac{1}{2} + 0{,}37 + \frac{3}{4} + 0{,}125 + \frac{2}{5} + 0{,}8$ $28{,}2 - \frac{1}{4} - \frac{1}{8} - 0{,}375 - 12\frac{1}{2}$

Runde die Ergebnisse auf Hundertstel. Beispiel: 5 von 13 = $\frac{5}{13}$ = 0,3846… ≈ 0,38

18. 5 von 13 73 von 84 46 von 54 122 von 316
7 von 19 44 von 96 31 von 62 135 von 631

Die gerundeten Ergebnisse stehen in den Kästchen.

19. 45,4 · 23,2
38,7 · 81,7

20. 487,4 : 23,7
712,9 : 81,9

21. 6,493 + 21,72
64,93 + 217,2

22. 48,34 – 12,743
483,4 – 127,44

8,70 20,57 28,21 35,60 282,1 356,0 1 053,3 3 161,8

1.4 Rechnen mit rationalen Zahlen

Addieren und Subtrahieren

Zu den rationalen[1] Zahlen gehören: Ganze Zahlen, z. B. (+4), (–4), Bruchzahlen, z. B. $(+\frac{1}{2})$, $(-\frac{1}{2})$ und Bruchzahlen in dezimaler Schreibweise, z. B. (+0,5), (–0,5).

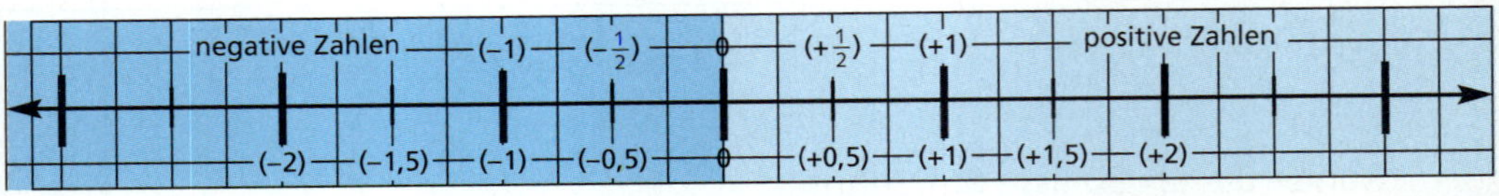

1. Zwischen welchen Zahlen liegen alle positiven und negativen echten Brüche?

2. Zwischen welchen ganzen Zahlen steht (– 4)? Schreibe so: (–5) < (–4) < (–3)
(–4) (+4) 0 (–17) (+17) (–315) (+315) (+814) (–814)

3. Ordne der Größe nach. Beginne mit der kleinsten Zahl.
(+2,6) $(-3\frac{1}{2})$ (–3,3) (+4,7) $(-\frac{1}{2})$ (–1,2) $(+\frac{3}{4})$ (+1,7)

Setze die Reihen fort.

4. (+5) ⌒ (+2) ⌒ (–1) bis (–10)
(+4) ⌒ (+1) ⌒ (–2) bis (–11)
(–8) ⌒ (–6) ⌒ (–4) bis (+2)

Setze das richtige Zeichen (<, >).

5. (+4) □ (+6)
(+1) □ (–1)
(+9) □ (–9)

6. (–1,5) □ $(-\frac{1}{2})$
(–2,0) □ (–0,2)
$(-\frac{3}{4})$ □ (+0,75)

7.	8.	9.	10.	11.	12.
+ (+8)	+ (–6)	– (+7)	– (–5)	+ (–9)	– (+3)
(–3)	(–17)	(+18)	(–17)	(+48)	(+97)
(–9)	(+28)	(–35)	(+48)	(–93)	(–47)
0	(–16)	(–71)	(–39)	(–36)	(–58)
(+8)	(+25)	(+84)	(+76)	(+76)	(+43)

13. (–6,5) – (+4,8)
(–4,3) + (+1,5)
(–3,6) – (+2,5)

14. (+6,5) + (–4,8)
(+4,3) – (–1,5)
(+3,6) – (–2,5)

15. (+2,7) – (+1,6) – (–3,2)
(–1,9) + (–3,8) + (+5,2)
(+5,3) – (–6,2) + (–9,9)

Die Summe der Ergebnisse steht im Kästchen.

16. (–10,7) – (–12,9)
(–22,1) + (+18,5)
(–11,8) – (–13,7)
(+0,5)

17. (–24,7) – (–12,4)
(+14,2) – (+11,8)
(+17,7) + (–13,9)
(–6,1)

18. (+18,3) + (–32,6)
(+19,7) – (+15,9)
(–13,4) – (–16,7)
(–7,2)

19. (+13,8) – (–12,4) + (–8,4) – (–26,9)
(–42,5) – (+21,9) – (–56,8) + (–30,6)
(+12,4) + (–10,8) + (+6,9) – (–14,7)

20. (+38,2) + (–51,9) – (+65,9) + (–11,3)
(–26,2) + (–19,9) – (+22,6) – (–19,7)
(–48,1) + (+23,7) – (–48,3) + (–16,8)

[1] ratio (lat.) = Vernunft, rational = von der Vernunft bestimmt.

Multiplizieren und Dividieren

1.	2.	3.	4.	5.	6.
· (−6)	· (+3)	· (−7)	: (+5)	: (−8)	: (−9)
(−6)	(−12)	(−0,3)	(−15)	(−48)	(+2,7)
(−4)	(+16)	(+0,5)	(+75)	(+96)	(−1,8)
(+2)	(+15)	(+0,7)	(−25)	(−24)	(−3,6)
(+5)	(−19)	(−0,8)	(+35)	(+64)	(+8,1)

7. (−108) : (−12)
(+108) : (+12)
(−108) : (+12)
(+108) : (−12)

8. (+3,6) · (+3)
(−3,6) · (−3)
(+3,6) · (−3)
(−3,6) · (+3)

9. (+0,2) · (−4,5)
(−0,3) · (−5,2)
(−2,8) : (−0,4)
(−5,7) : (+0,3)

10. (+12,5) : (−2,5)
(−1,44) : (−1,2)
(−1,5) · (+1,5)
(+1,3) · (−1,3)

Setze das richtige Zeichen (<, >, =).

11. (−5) : (+5) □ (−5) : (−5)
(−8) : (+2) □ (+8) : (−2)
(−9) : (−3) □ (−9) : (+3)

12. (−16) · (−3) □ (+24) − (+42)
(+17) · (−8) □ (−68) − (+68)
(−47) · (−3) □ (+75) − (−66)

13. (−2) · (−8) + (−5)
(+8) · (−4) · (+3)
(−3) + (−9) · (−2)

14. (+3,0) · (−1,2) − (−0,4)
(−0,8) + (−0,2) : (−0,2)
(−2,5) : (−0,5) + (−3,5)

15. (+6) · (−6) + (+20) : (−10)
(−5) · (−4) − (−6) · (−1)
(+3) · (+5) − (−2) · (−7)

Vermischte Übungen

Wenn du die Ergebnisse addierst, erhältst du die Zahl im Kästchen.

16. (−17) + (−13)
(+25) + (+48)
(−86) + (−14)
(−57)

17. (+56) − (−14)
(−38) − (−17)
(−45) − (+25)
(−21)

18. (−56) : (−7)
(+81) : (−9)
(+36) : (−6)
(−7)

19. (−12) · (+16)
(+13) · (+15)
(−10) · (−21)
(+213)

20. (−40) · (−10) − (+50)
(−40) − (−50) : (−5)
(−40) : (+8) − (−45)
(+30) + (−16) − (+30)

21. (+6) : (−6) + (+20) : (−10)
(−5) : (−5) − (−6) · (−1)
(−3) · (−8) + (+15) : (−3)
(−9) : (−3) − (−30) : (−10)

22. (−2,5) : (−5) − (−8)
(+0,5) · (−3) + (−3)
(−3,1) · (+4) − (+4)
(+6,4) : (−8) + (−9)

Alle Aufgaben haben dasselbe Ergebnis. Es steht im oberen Kästchen.

23.	24.	25.	26.
(+16)	(+1,4)	(−20,4)	(−9,3)
(−8) − □	(+0,1) · □	(+40,3) − □	(+3,1) · □
(−48) : □	(−8,7) − □	(−5,1) · □	(−18,4) + □
(+12) − □	(+2,8) : □	(+10,3) + □	(−4,7) + □
(−4) · □	(−0,7) + □	(−61,2) : □	(+46,5) : □

27. $(-\frac{1}{2}) + (-\frac{1}{4}) \cdot (+\frac{1}{3})$ $\quad (-\frac{6}{7}) : (-\frac{6}{7}) + (+0{,}9)$ $\quad (+0{,}875) : (-\frac{1}{8}) - (+\frac{3}{4})$

1.5 Potenzen und Wurzeln

Potenzen

Die Multiplikation ist die verkürzte Schreibweise für die Addition gleicher Summanden. Beispiel: $3 + 3 + 3 + 3 = 4 \cdot 3 = 12$ oder $3 \cdot 7 = 7 + 7 + 7 = 21$

1. Schreibe als Summe oder als Produkt wie im Beispiel.
$15 + 15 + 15$ $\quad 6 \cdot 12$ $\quad 10 + 10 + 10 + 10$ $\quad 4 \cdot 17$ $\quad 100 + 100 + 100 + 100$

Das Potenzieren[1] ist die verkürzte Schreibweise für die Multiplikation gleicher Faktoren. Beispiel: $3 \cdot 3 \cdot 3 \cdot 3 = 3^4 = 81$ oder $7^3 = 7 \cdot 7 \cdot 7 = 343$

2. Schreibe als Potenz oder als Produkt wie im Beispiel.
7^4 $\quad 5 \cdot 5$ $\quad 10^2$ $\quad 8 \cdot 8 \cdot 8$ $\quad 100^3$ $\quad 6 \cdot 6 \cdot 6 \cdot 6$ $\quad 10^5$ $\quad 3 \cdot 3 \cdot 3 \cdot 3$

3. Schreibe jeweils in der anderen Schreibweise und berechne den Wert.
$4 + 4 + 4 + 4$ $\quad 6 \cdot 6 \cdot 6$ $\quad 10 + 10 + 10 + 10$ $\quad 2 \cdot 3$ $\quad 3 \cdot 4$ $\quad 5 \cdot 4$
$4 \cdot 4 \cdot 4 \cdot 4$ $\quad 6 + 6 + 6$ $\quad 10 \cdot 10 \cdot 10 \cdot 10$ $\quad 2^3$ $\quad 3^4$ $\quad 5^4$

Die Werte in der Stellentafel kann man auch als Zehnerpotenzen angeben.
Dabei gilt:
$10^1 = 10$ $\quad 10^0 = 1$ $\quad 10^{-1} = \frac{1}{10} = 0{,}1$

	Hunderter	Zehner	Einer	Zehntel	Hundertstel	Tausendstel	
	H	Z	E	z	h	t	
	10^2	10^1	10^0	10^{-1}	10^{-2}	10^{-3}	

4. Welche Zahl bedeutet: $1 \cdot 10^3$ $\quad 2 \cdot 10^3$ $\quad 5 \cdot 10^0$ $\quad 5 \cdot 10^{-1}$ $\quad 8 \cdot 10^{-3}$

5. Setze die Stellentafel nach links um vier Spalten fort und schreibe dann mit Zehnerpotenzen. Beispiel: $30 = 3 \cdot 10^1$
30 $\quad$ 300 $\quad$ 3 000 $\quad$ 60 000 $\quad$ 700 $\quad$ 700 000 $\quad$ 3 000 000

6. Schreibe mit Zehnerpotenzen. Beispiel: $0{,}03 = \frac{3}{100} = 3 \cdot 10^{-2}$
0,03 $\quad$ 0,05 $\quad$ 0,007 $\quad$ 0,1 $\quad$ 0,06 $\quad$ 0,003 $\quad$ 0,005 $\quad$ 0,0004 $\quad$ 0,0008

7. Schreibe wie im Beispiel: $3\,600\,000 = 3{,}6 \cdot 1\,000\,000 = 3{,}6 \cdot 10^6$ oder umgekehrt.
250 000 $\quad 2 \cdot 10^{-4}$ $\quad$ 97 000 000 $\quad 1{,}3 \cdot 10^7$ $\quad$ 7 000 000 $\quad 5 \cdot 10^{-3}$

8. Potenzen mit der Hochzahl 2 heißen Quadratzahlen.
Rechne aus: 3^2 $\quad 6^2$ $\quad 17^2$ $\quad 25^2$ $\quad 49^2$ $\quad 100^2$ $\quad 1\,000^2$

9. Setze die Reihe fort.
$1^2 = 1 \cdot 1 = 1$ $\quad 2^2 = 2 \cdot 2 = 4$ $\quad 3^2 = 3 \cdot 3 = 9$ … weiter bis 256 als Wert der Potenz

[1] lat. potencia = Macht, potenzieren = steigern

Wurzeln

Die Umkehrung des Potenzierens ist das Wurzelziehen.
Beispiel: Potenzieren $4 \cdot 4 = 4^2 = 16$ Wurzelziehen $\sqrt{16} = 4$

1. Berechne: $\sqrt{9}$ $\sqrt{49}$ $\sqrt{100}$ $\sqrt{121}$ $\sqrt{144}$ $\sqrt{81}$ $\sqrt{64}$ $\sqrt{169}$

2. Berechne für die abgebildeten Quadrate die Seitenlänge.

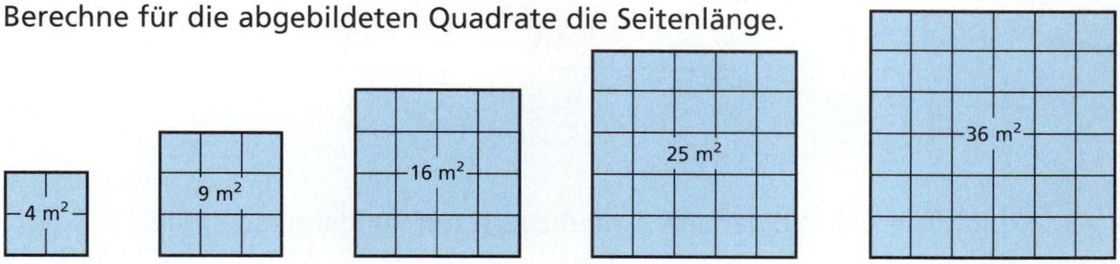

3. Ein quadratischer Rasen hat eine Fläche von 225 m^2. Seitenlänge?

4. Ein quadratisches Blech hat eine Fläche von 196 cm^2. Seitenlänge?

5. Die Seitenlänge eines Quadrats ist a, die Fläche a^2. Ergänze die fehlenden Größen.

a	15 m		30 m		17 cm		40 dm		35 dm
a^2	225 m^2	400 m^2		625 m^2		169 m^2		2500 m^2	

6. Annika will mit dem Taschenrechner die Wurzel aus 27 ziehen. Sie liest ab: 5,1961524. Sie rundet auf 3 Stellen hinter dem Komma.

7. Berechne den Wert der Wurzeln mit Hilfe des Taschenrechners. Wenn nötig, runde auf 2 Stellen hinter dem Komma.
$\sqrt{17}$ $\sqrt{38}$ $\sqrt{125}$ $\sqrt{213}$ $\sqrt{3\,000}$ $\sqrt{657}$ $\sqrt{467}$ $\sqrt{6\,449}$
$\sqrt{16}$ $\sqrt{160}$ $\sqrt{1\,600}$ $\sqrt{16\,000}$ $\sqrt{160\,000}$ $\sqrt{1\,600\,000}$

8. Runde immer auf Zehntel.
$\sqrt{3{,}6}$ $\sqrt{17{,}4}$ $\sqrt{30{,}8}$ $\sqrt{112{,}4}$ $\sqrt{14{,}37}$ $\sqrt{0{,}03}$ $\sqrt{115{,}25}$

9. Ein Rechteck ist 25 cm lang und 17 cm breit. Welche Seitenlänge hat ein Quadrat mit gleichem Flächeninhalt? Runde auf Zehntel.

10. Ein rechtwinkliges Dreieck hat die Seiten a = 7,5 cm und b = 5,2 cm. Berechne mithilfe des Satzes des Pythagoras die Seite c. Runde auf Millimeter.

11. Ein Kreis hat einen Flächeninhalt von 7,85 cm^2. Berechne die Länge des Radius ($\pi = 3{,}14$). Runde auf Millimeter.

12. Ein Kreis mit r = 8,4 m und ein Quadrat haben den gleichen Flächeninhalt. Wie lang ist die Seite des Quadrats? Runde auf Zentimeter.

1.6 Vermischte Übungen

Die Zahl im farbigen Kästchen ist das Ergebnis der letzten Aufgabe.

1.
$1\frac{2}{3} + \frac{5}{7} = \square$
$\square \cdot 21 = \square$
$\square : 2\frac{1}{2} = \square$
$\square \cdot \frac{3}{4} = $ **15**

2.
$3{,}75 \cdot 1{,}2 = \square$
$\square + 6{,}5 = \square$
$\square \cdot 0{,}25 = \square$
$\square : 1{,}25 = $ **2,2**

3.
$(+12) - (-7) = \square$
$\square - (-1) = \square$
$\square : (-4) = \square$
$\square \cdot (-7) = $ **(+35)**

4.
$4^2 + 2^2 = \square$
$\square : \frac{1}{5} = \square$
$\sqrt{\square} = \square$
$\square \cdot 0{,}5 = $ **5**

5. Multipliziere die folgenden Zahlen zuerst mit 10, dann mit 1 000.
25,5 1,035 431 0,67 9,304 4 512 723,586 0,03
Dividiere die gleichen Zahlen durch 10, dann durch 100.

Die Ergebnisse stehen in den Kästchen.

6. 327,25 + 18,04 + 3,90 + 23,84
483,09 – 17,82 – 9,72 – 87,93
784,72 + 18,31 + 4,92 – 84,07

7. 19,84 + 171,35 + 0,72 + 19,85
283,3 – 101,43 – 0,07 – 13,71
804,2 – 603,05 – 1,97 – 16,89

168,09 **182,29** **211,76** **367,62** **373,03** **723,88**

Diese Aufgaben kannst du mündlich rechnen, wenn du die Zahlen geschickt zusammenfasst.

8. 359 – 29 + 34 + 16
687 – 37 + 86 – 16
556 – 48 + 14 + 38

9. 325 + 149 – 39 – 15
268 + 143 – 18 + 17
436 + 115 – 26 – 15

10. 573 – 2,5 – 53 + 12,5
798 + 8,43 – 68 + 1,57
907 – 9,32 – 27 – 0,68

Kürze so weit wie möglich und rechne aus.

11. $\frac{49 \cdot 4}{6 \cdot 28}$ $\frac{9 \cdot 75}{25 \cdot 15}$ $\frac{12 \cdot 15}{10 \cdot 21}$

12. $\frac{25 \cdot 14}{21 \cdot 35}$ $\frac{48 \cdot 45}{54 \cdot 36}$ $\frac{63 \cdot 70}{25 \cdot 49}$

13. $\frac{33 \cdot 15}{12 \cdot 44}$ $\frac{65 \cdot 35}{45 \cdot 26}$ $\frac{56 \cdot 80}{95 \cdot 64}$

14. $\frac{63 \cdot 16}{20 \cdot 56}$ $\frac{42 \cdot 34}{9 \cdot 85}$ $\frac{90 \cdot 22}{55 \cdot 75}$

15. $\frac{35 \cdot 36 \cdot 28}{48 \cdot 54 \cdot 35}$ $\frac{48 \cdot 34 \cdot 63}{51 \cdot 36 \cdot 72}$ $\frac{66 \cdot 60 \cdot 35}{15 \cdot 77 \cdot 36}$

Die Summe der Ergebnisse steht im Kästchen.

16. (+4) + (–14)
(+16) – (–11)
(–9) + (–9)
(–10) – (+10)
(–21)

17. (+8) · (+8)
(–10) · (+3)
(–11) · (–1)
(+4) · (–4)
(+29)

18. (+36) : (–18)
(+70) : (–10)
(–88) : (–11)
(–65) : (–13)
(+4)

19. (–17) + (–83)
(+14) · (–12)
(+36) – (–36)
(–48) : (–12)
(–192)

1. Schreibe eine dreistellige Zahl auf, z. B. 345, und hänge dieselbe Ziffernfolge an. Du erhältst die Zahl 345 345. Jede auf diese Weise gebildete Zahl ist durch 7, 11 und 13 ohne Rest teilbar. Prüfe mit folgenden Zahlen nach.
345 387 943 872 128 432 888 427

2. 17 283 : 1,4; 1 728,3 : 1,4 **3.** 18 271,2 : 0,4; 182,712 : 0,4 **4.** 25 502,5 : 2,5; 25,5025 : 2,5 **5.** 255,025 : 2,5; 2,55025 : 2,5

6. $3\frac{1}{2} + 2\frac{2}{3}$ $5\frac{5}{12} + 2\frac{2}{3}$ $5\frac{4}{5} - 2\frac{3}{8}$ $6\frac{1}{10} - 4\frac{8}{15}$ $8\frac{3}{8} - 2\frac{11}{12}$

7. Rechne aus. Runde, wenn nötig, auf Hundertstel.
2^2 7^2 18^2 $1{,}8^2$ $0{,}6^2$ $8{,}37^2$ $0{,}23^2$ $8{,}4^2$ $7{,}12^2$

8. Ziehe die Wurzel mit Hilfe des Taschenrechners. Runde, wenn nötig, auf Zehntel.
$\sqrt{15}$ $\sqrt{189}$ $\sqrt{2}$ $\sqrt{20}$ $\sqrt{200}$ $\sqrt{3{,}5}$ $\sqrt{8{,}4}$ $\sqrt{84}$ $\sqrt{840}$

9.

		13
	17	
21		24

10.

		0,7
	0,5	0,1
0,3		

11.

$\frac{3}{4}$		
	$\frac{1}{2}$	$\frac{7}{8}$
		$\frac{1}{4}$

12.

		(−18)
	(−7)	
(+4)		(−6)

13. Berechne die Summe aus 72,8 und 13,5. Berechne danach die Differenz der beiden Zahlen. Multipliziere dann die Summe mit der Differenz.

Die Summe der Ergebnisse steht im Kästchen.

14. $17 \cdot 14 + 13$; $17 \cdot (14 + 13)$ — 710

15. $6{,}4 : 4 + 4$; $6{,}4 : (4 + 4)$ — 6,4

16. $85 \cdot (3{,}7 - 1{,}8)$; $85 \cdot 3{,}7 - 1{,}8$ — 474,2

17. $4{,}5 : 9 + 6$; $4{,}5 : (9 + 6)$ — 6,8

18. Ein Rechteck ist 16 m lang und 17 m breit. Welche Seitenlänge hat ein Quadrat mit gleichem Flächeninhalt? Runde auf Hundertstel.

19. Die Seite eines Quadrates ist 6,5 m lang. Wie lang ist die Seite b eines flächengleichen Rechtecks, wenn die Seite a 8,45 m lang ist?

20. $0{,}5 + \frac{3}{5}$ $0{,}4 + \frac{1}{2}$ $3{,}5 - 2\frac{3}{5}$ $6\frac{1}{2} + 7{,}35$ $0{,}65 - \frac{13}{100}$

21. $3\frac{1}{2} : 0{,}4$ $0{,}7 \cdot \frac{1}{4}$ $7{,}2 : \frac{1}{4}$ $4\frac{7}{10} : 0{,}1$ $0{,}51 : \frac{3}{5}$

22. Berechne den Radius ($\pi = 3{,}14$). Kreisfläche: 78,5 cm² 50,24 cm² 113,04 cm²

23. Setze fort $\sqrt{4}$ $\sqrt{40}$ $\sqrt{400}$ bis $\sqrt{400\,000}$ $\sqrt{9}$ $\sqrt{90}$ bis $\sqrt{900\,000}$
$\sqrt{16}$ $\sqrt{160}$ $\sqrt{1\,600}$ bis $\sqrt{160\,000}$ $\sqrt{25}$ $\sqrt{250}$ bis $\sqrt{250\,000}$

2 Größen und Rechnen mit Größen

2.1 Einheiten

Alle Maßeinheiten werden von Grundeinheiten abgeleitet. Die größeren erhalten in der Regel Vorsilben aus dem Griechischen, die kleinen aus dem Lateinischen, z. B. Hektoliter = 100 *l* (gr.)[1], Zentiliter = $\frac{1}{100}$ *l* (lat.)[2].

1. Die Grundeinheit Meter steht im blauen Feld. Schreibe die Namen der Einheiten auf, z. B. 1 dam = 1 Dekameter[3], 1 hm = 1 Hektometer. Die Einheiten dam und hm sind im täglichen Leben ungebräuchlich.

km	hm	dam	m	dm	cm	mm

· 10 · 10 · 10 : 10 : 10 : 10

2. Schreibe in der angegebenen Einheit.

1 m = □ km	100 mm = □ dm	230 cm = □ m	3,75 m = □ cm
10 m = □ km	100 cm = □ dm	850 mm = □ m	8,05 m = □ mm
100 m = □ km	100 m = □ km	643 dm = □ m	9,35 m = □ dm

3. Schreibe die Namen der Einheiten auf. Wie heißt die Umwandlungszahl?

km²		ha		a		m²		dm²		cm²		mm²	

· 100 · 100 · 100 : 100 : 100 : 100

4. Schreibe in der angegebenen Einheit.

10 a = □ m^2	1 000 dm^2 = □ m^2	6 500 dm^2 = □ m^2	65 cm^2 = □ m^2
1 ha = □ m^2	1 000 cm^2 = □ m^2	7 850 cm^2 = □ m^2	83 mm^2 = □ m^2

5. Schreibe die Namen der Einheiten auf. Wie heißt die Umwandlungszahl?

m³			dm³			cm³			mm³		

: □ : □ : □

6. Schreibe in der angegebenen Einheit.

1 m^3 = □ dm^3	1 000 dm^3 = □ m^3	1 500 dm^3 = □ m^3
1 m^3 = □ cm^3	1 000 mm^3 = □ cm^3	1 225 mm^3 = □ cm^3
1 cm^3 = □ mm^3	1 000 cm^3 = □ dm^3	7 054 cm^3 = □ dm^3

[1] gr. hekaton = 100 [2] centum = 100 [3] gr. deka = 10 [4] decem = 10

2.2 Längen- und Flächenmaße

km	(hm)	(dam)	m	dm	cm	mm
			1	4	8	

1. Wandle um in die nächstgrößere Einheit: 14,8 dm 51 dm 16,3 cm
2,7 cm 6 dm 136 cm 6,5 cm 9,3 dm 12,4 cm

2. Schreibe die Längen in Aufgabe 1 in der nächstkleineren Einheit.

Schreibe die Größen in der Einheit, die im Kästchen steht.

3. mm	4. dm	5. cm	6. m	7. km	8. m
6,6 cm	3,50 m	26 mm	6,750 km	7 859 m	6,75 m
7,5 cm	6,7 m	3 dm	0,015 km	12 m	0,84 m
0,3 dm	0,83 m	2,7 m	7,145 km	626 m	0,07 m
7,9 m	920 cm	360 mm	8,3 km	4 m	14,40 dm

9. In der Seefahrt werden Entfernungen in Seemeilen (1 sm = 1,852 km) angegeben. Von Hamburg nach New York sind es 3 690 sm. Wie groß ist die Entfernung in km?

10. 8,27 m + 9,3 dm 3,05 dm + 17 cm 3,08 m – 0,8 m $\frac{3}{4}$ km + 300 m

11. 0,93 m – 25 cm 4,04 m – 38 dm 7,44 m + 0,6 m 0,850 km – $\frac{1}{2}$ km

km²		ha		a		m²		dm²		cm²		mm²	
								1	2	2	7		

12. Wandle um in die nächstgrößere Einheit. Beispiel: 1 227 cm² = 12,27 dm²
35 ha 273 a 1 640 m² 125 cm² 6 231 ha 412 a

13. Schreibe die Größen in Aufgabe 12 in der nächstkleineren Einheit.

Schreibe die Größen in der Einheit, die im Kästchen steht.

14. mm²	15. dm²	16. dm²	17. m²	18. a	19. ha
412 cm²	3,4 m²	164 cm²	326 dm²	1 207 m²	64 a
63,14 cm²	12 m²	27 cm²	1 824 dm²	134 m²	683 a
27 cm²	0,7 m²	1 614 cm²	74 dm²	72 m²	75,2 a
3,4 cm²	12,8 m²	4 cm²	84,7 dm²	57,8 m²	0,3 a

20. 7,25 a + 683 m² 65,27 m² + 287 dm² 1 470 m² + 23 a 34,72 cm² + 48 mm²
3,74 a – 86 m² 64,30 m² – 26 dm² 843,7 ha – 712 a 29,07 cm² – 83 mm²

21. Ein Fußballfeld ist 110 m lang und 75 m breit, der Strafraum 40,30 m lang und 16,50 m breit und der Torraum ist 18,30 m breit und 5,50 m lang. Berechne die Fläche des Feldes in Ar, die des Strafraums und des Torraums in Quadratmeter.

2.3 Raum- und Hohlmaße

m^3			dm^3			cm^3			mm^3		
			7	3	4	3					

1. Um wie viel Stellen bewegt sich das Komma, wenn in die nächstgrößere (nächstkleinere) Einheit umgewandelt wird?

2. Wandle um in die nächstgrößere Einheit. 734,3 dm^3 3,445 dm^3 48,7 cm^3
200 cm^3 66 dm^3 720 cm^3 65,5 cm^3 870,3 cm^3 36,4 dm^3

3. Schreibe die Größen in Aufgabe 2 in der nächstkleineren Einheit.

Schreibe in der Einheit, die im Kästchen steht.

4. mm^3	**5.** dm^3	**6.** m^3	**7.** cm^3	**8.** m^3	**9.** cm^3
630 cm^3	6 850 cm^3	1 745 dm^3	725 dm^3	2 852 dm^3	7 850 mm^3
27 cm^3	120 m^3	940 dm^3	2 mm^3	372 dm^3	127 mm^3
5 cm^3	35 cm^3	300 dm^3	1 680 mm^3	3,4 dm^3	4,723 dm^3
83,20 cm^3	12,20 m^3	4 dm^3	4357 dm^3	53 dm^3	7,3 dm^3

10. 6,358 m^3 + 912 dm^3 32,845 cm^3 + 23 mm^3 815,427 m^3 + 3 dm^3

Hohlmaße	1 m^3	1 hl	10 *l*	1 *l*	1 dl	1 cl	1 ml
Raummaße	1 m^3	100 dm^3	10 dm^3	1 dm^3	100 cm^3	10 cm^3	1 cm^3

11. Wandle um in die nächstgrößere Einheit. Beispiel: 347 ml = 34,7 cl
347 ml 49 dl 5,1 cl 750 ml 300 *l* 456 *l*

12. 3,4 *l* + 27 dl 25 cl + 38 ml 7 *l* + 13 dl 4 cl + 3 dl
6,5 cl – 45 ml 27 *l* – 23 dl 48 cl – 48 ml 7 *l* – 13 dl

13. Wie viel Milliliter sind: $\frac{1}{2}$ *l* $\frac{1}{8}$ *l* $\frac{1}{4}$ *l* $\frac{3}{8}$ *l* $\frac{3}{4}$ *l* $\frac{5}{8}$ *l*

14. Im Handel mit Erdöl werden die Einheiten Barrel (Fass, Tonne) und Gallone verwendet. Ein Barrel Erdöl sind 158,8 *l* oder 42 Gallonen. Wie viel Liter sind 1 Gallone? Runde auf Deziliter.

Schreibe in der Einheit, die im Kästchen steht.

15. hl	**16.** *l*	**17.** dl	**18.** ml	**19.** cl	**20.** cm^3
378 *l*	23 hl	4 *l*	754 cl	49 ml	4,7 ml
27,3 *l*	27 dl	8,3 *l*	3 dl	3,7 dl	11 cl
1 620 *l*	5 cl	39 cl	8,2 cl	112 ml	0,3 *l*
135,7 *l*	21 ml	137 ml	23 dl	3 *l*	3,4 dl

21. Eine Flasche enthält 0,7 *l* Mineralwasser. Wie viel Liter enthalten 12 Flaschen?

2.4 Gewicht und Dichte

Raummaße	m³			dm³			cm³			mm³		
Gewicht	t			kg			g			mg		

1. Raummaße und Gewichte haben dieselbe Umwandlungszahl. Wie heißt sie?
Schreibe: 15 kg = □ g　　127 g = □ mg　　3 500 kg = □ t

2. Schreibe in der angegebenen Einheit.

1 t = □ kg	26,3 t = □ kg	3 525 g = □ kg	5 263 mg = □ g
$\frac{1}{4}$ kg = □ g	0,5 t = □ kg	326 g = □ mg	0,376 t = □ kg

3. Zwischen den Einheiten t und kg gibt es die Handelseinheit Dezitonne (dt = Zehnteltonne) für Getreide, Kartoffeln, Kohle u. a. Wie viel Dezitonnen sind:
350 kg　　516 kg　　6 174 kg　　63 kg　　516,7 kg

4. Ein Kubikzentimeter Wasser wiegt 1 g. Es hat die Dichte 1 $\frac{g}{cm^3}$. 1 cm^3 Platin wiegt 21,4 g. Es hat die Dichte 21,4 $\frac{g}{cm^3}$. Wie viel wiegen 3 dm^3 Wasser, wie viel 3 dm^3 Platin?

Material	Gold	Silber	Glas	Benzin	Quecksilber	Milch
Dichte in $\frac{g}{cm^3}$	19,25	10,5	2,8	0,76	13,6	1,03

5. Wie viel wiegen: 5 cm^3 Gold　　5 cm^3 Silber　　5 cm^3 Benzin　　5 cm^3 Quecksilber.

6. Berechne das Gewicht.

36 cm^3 Gold	500 cm^3 Glas	1 *l* Milch
1,5 dm^3 Silber	40 *l* Benzin	1 *l* Quecksilber

7. Ein Kupferwürfel wiegt 8,93 kg. Er hat ein Volumen von 1 000 cm^3. Dichte?

8. Ein Eiswürfel von 3 cm^3 wiegt 2,76 g. Berechne die Dichte von Eis. Warum schwimmt es auf dem Wasser?

9. Luft hat die Dichte 1,3 $\frac{g}{l}$. Wie viel wiegt die Luft in einem 10-*l*-Eimer?

2.5 Zeitmaße

Einheiten der Zeit: 1 Tag = 1 d, 1 Stunde = 1 h 1 Minute = 1 min, 1 Sekunde = 1 s

1. Wie viel Minuten (Sekunden) hat ein Tag?

2. Beim Umlauf um die Sonne legt die Erde in einer Sekunde 29,8 km zurück. Wie viel Kilometer sind es in einer Stunde?

3. Licht legt in einer Sekunde 300 000 km zurück. Wie viel Minuten und Sekunden braucht das Licht für die Entfernung Sonne – Erde (≈ 150 000 000 km)?

4.

min?
60 s
90 s
180 s
150 s

5.

h?
240 min
150 min
720 min
615 min

6.

h und min?
620 min
431 min
719 min
888 min

7.

min?
6 h
2 h 35 min
3 h 46 min
4 h 3 min

Kiel Hbf ⟶ **Dresden Hbf**
599 km

Ab	Zug	Umsteigen	An	Ab	Zug		An	Verkehrstage
5.22	RE 35205	HH-Dammtor	6.33	6.45	EC	173	11.45	täglich
7.22	RE 35209	HH-Dammtor	8.33	8.52	IC	2571	13.45	täglich
9.22	RE 35213	Neumünster	9.42	10.09	EC	175	15.45	täglich
11.22	RE 35217	HH-Dammtor	12.33	12.52	EC	177	17.45	täglich
13.22	RE 35221	Hamburg Hbf	14.37	14.59	EC	179	19.45	täglich
14.22	RE 35223	HH-Dammtor	15.33	15.52	ICE	1615		
		Leipzig Hbf	20.02	20.39	ICE	1655	21.52	
15.22	RE 35225	HH-Dammtor	16.33	16.52	IC	2573		täglich
		Dresden-Neust.	21.57	22.10	S	S2	22.17	

8. Herr Baumann wird um 18 Uhr am Dresdener Hauptbahnhof erwartet. Suche die passende Verbindung heraus. Wie lange dauert die Reise?

9. Frau Klein fährt nach Dresden Hbf um 15.22 Uhr ab. Wann ist sie in HH-Dammtor? Wie lange hat sie dort Aufenthalt? Wann erreicht der InterCity-Zug Dresden-Neustadt? Wie lange hat sie Zeit, den S-Bahnzug zu erreichen? Wie lange dauerte die Fahrt von Kiel nach Dresden Hauptbahnhof?

10. Welches ist die schnellste Verbindung zwischen Kiel und Dresden, welches ist die langsamste Verbindung?

11. Ein LKW-Fahrer beginnt seine Fahrt um 6.35. Nach 4 Stunden macht er eine Pause von 1 Stunde und 45 Minuten. Bis zu seinem Ziel ist er noch drei Stunden und 15 Minuten unterwegs. Um wie viel Uhr kommt er an?

12. Die Strecke beim Marathonlauf ist rund 42 km lang. Ein Läufer legte sie in 2 : 34 : 32,7 h zurück? Wie viele Stunden, Minuten, Sekunden und Zehntelsekunden sind es?

2.6 Geschwindigkeit

1. Herr Seifried hat auf der Autobahn in 2 Stunden 250 km zurückgelegt. Mit welcher Geschwindigkeit ist er gefahren?

> Geschwindigkeit (v) = $\frac{\text{Weg (s)}^{1)}}{\text{Zeit (t)}}$
>
> $v = \frac{s}{t}$

2. Ein Personenkraftwagen legt 1 km in 36 s zurück. Wie viel Kilometer legt er bei gleicher Geschwindigkeit in 1 Stunde zurück?

3. Berechne die Geschwindigkeit in $\frac{km}{h}$.

Weg	85 km	60 m	5 m	3 m	484 km	1 100 m
Zeit	5 h	3 min	6 s	1 s	4 h	2 min

4. Frau Ernst erreicht nach 6 Stunden Fahrzeit mit dem Auto ihr Reiseziel. Sie fuhr mit einer durchschnittlichen Geschwindigkeit von 80 $\frac{km}{h}$. Wie lang ist die Fahrstrecke?

> Weg = Geschwindigkeit · Zeit
>
> $s = v \cdot t$

5. Frau Fröhlich fährt $1\frac{1}{2}$ Stunden mit einer durchschnittlichen Geschwindigkeit von 90 $\frac{km}{h}$. Wie lang ist die Fahrstrecke?

6. Berechne den Weg in km.

Geschwindigkeit	180 $\frac{km}{h}$	60 $\frac{km}{h}$	50 $\frac{m}{s}$	20 $\frac{m}{s}$	136 $\frac{km}{h}$	270 $\frac{m}{min}$
Zeit	6 h	$6\frac{1}{2}$ h	1 h	45 min	$6\frac{1}{4}$ h	2 h

7. Ein Lastkraftwagen hat eine Strecke von 360 km mit einer durchschnittlichen Geschwindigkeit von 60 $\frac{km}{h}$ zurückgelegt.
Wie viel Zeit benötigte er?

> Zeit = $\frac{\text{Weg}}{\text{Geschwindigkeit}}$
>
> $t = \frac{s}{v}$

8. Kevin fährt mit dem Fahrrad zur Schule. Der Weg ist 4,8 km lang. Er kann 12 $\frac{km}{h}$ schaffen. Welche Zeit braucht er für den Schulweg?

9. Berechne die Zeit in h und min.

Weg	250 km	245 km	165 km	135 km	390 km	414 km
Geschwindigkeit	100 $\frac{km}{h}$	70 $\frac{km}{h}$	60 $\frac{km}{h}$	50 $\frac{km}{h}$	75 $\frac{km}{h}$	90 $\frac{km}{h}$

10. Eine Brieftaube legt in 1 Sekunde 20 m zurück. Wie viel $\frac{km}{h}$ sind es?

11. Familie Werner beginnt die Autofahrt um 6.30 Uhr. Um 9.45 Uhr macht sie nach einer Strecke von 273 km die erste Pause. Mit welcher durchschnittlichen Geschwindigkeit hat Familie Werner die Strecke zurückgelegt?

1) v = (lat) velocitas = Geschwindigkeit s = (lat) spatium = Weg t = (lat) tempus = Zeit

3 Sachaufgaben

3.1 Proportionale Zuordnungen

1. Julia kauft Äpfel. 1 kg kostet 2,00 €. Die Waage zeigt 1,270 kg an. Wie viel Euro muss sie bezahlen?

2. Felix hat 1,450 kg Äpfel für 2,90 € eingekauft. Wie viel kostet 1 kg?

3. Jenny hat 3,98 € für Äpfel ausgegeben. 1 kg kostet 1,99 €. Wie viel wiegen die Äpfel?

4. Frau Schwarz kauft 4 *l* Milch für 2,44 €. Herr Bendig kauft 6 *l* Milch. Wie viel Euro muss er dafür bezahlen?

5. Eier im Sechserpack werden im Supermarkt für 1,50 € angeboten. Im Zehnerpack kosten Eier derselben Sorte 2,20 €. Gibt es einen Preisunterschied?

6. Im Angebot kosten 100 g Mettwurst 1,53 €. Frau Thoma kauft 220 g Wurst. Sie bezahlt an der Kasse mit einem 5-€-Schein. Wie viel Geld bekommt sie zurück?

7.

Menge	Preis
100 g	2,40 €
150 g	□ €
175 g	□ €
325 g	□ €
250 g	□ €

8.

Menge	Preis
7 *l*	13,44 €
□ *l*	24,96 €
9,5 *l*	□ €
□ *l*	17,28 €
□ *l*	7,68 €

9.

Menge	Preis
1 m	7,95 €
2,50 m	□ €
1,50 m	□ €
□ m	14,31 €
□ m	27,83 €

10.

Menge	Preis
4,5 kg	23,40 €
□ kg	41,60 €
10,5 kg	□ €
□ kg	98,80 €
□ kg	26,00 €

11. Frau Kalten ist zu ihrer 315 km entfernt wohnenden Mutter gefahren. Sie benötigte für die Strecke $3\frac{1}{2}$ Std. Mit welcher durchschnittlichen Geschwindigkeit ist sie gefahren?

12. Herr Knuth hat bis zu seinem Reiseziel eine Strecke von 480 km zurückgelegt. Er fuhr mit einer Durchschnittsgeschwindigkeit von $75\,\frac{km}{h}$. Wie lang war die Fahrzeit?

13. Ein Würfel aus Kork (Dichte $0{,}2\,\frac{g}{cm^3}$) hat eine Seitenlänge von 10 cm. Gewicht?

14. Eine Streichholzschachtel hat die Maße 5 cm x 3 cm x 1 cm. Wie schwer wäre ein Quader gleicher Größe aus Gold (Dichte $19{,}3\,\frac{g}{cm^3}$)?

15. Eine alte Silbermünze (Dichte $10{,}5\,\frac{g}{cm^3}$) wiegt 21 g. Wie groß ist ihr Volumen?

16. Wie heißen die fehlenden Zahlen?

Gewicht	6 kg	13 kg	□ kg	□ kg	8 kg	9,5 kg
Preis pro kg	□ €	□ €	2,40 €	3,39 €	1,49 €	2,28 €
Preis	10,20 €	32,50 €	28,80 €	23,73 €	□ €	□ €

3.2 Umgekehrt-proportionale Zuordnungen

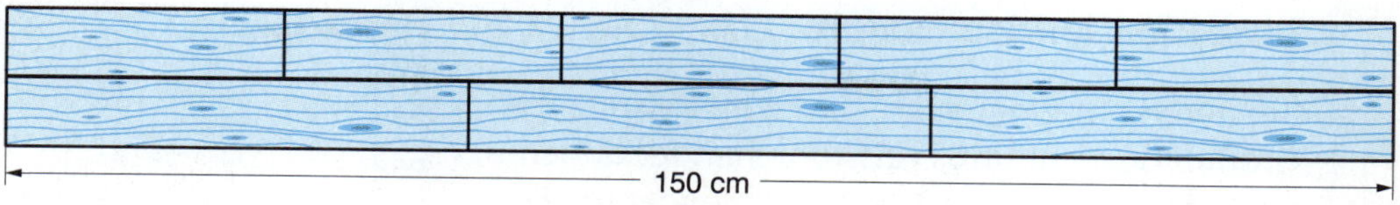

1. Ein Brett von 150 cm Länge wird in 5 gleich lange Stücke zersägt. Ein ebenso langes Brett wird in 3 gleich lange Stücke zersägt. Wie lang sind jeweils die Stücke?

2. Eine Leiste ist 300 cm lang. Sie soll in gleich lange Stück zersägt werden.

Länge der Stücke	50 cm	60 cm	☐ cm	☐ cm	20 cm	☐ cm
Anzahl der Stücke	☐ St.	☐ St.	4 St.	12 St.	☐ St.	25 St.

3. Für eine Hainbuchenhecke braucht Herr Wegener 35 Pflanzen, wenn er sie im Abstand von 80 cm setzt. Frau Wegener möchte die Pflanzen im Abstand von 70 cm setzen. Wie viele Pflanzen benötigen Wegeners dann?

4. Die Kanalisationsarbeiten im Neubaugebiet könnten von 8 Handwerkern in 21 Tagen, also in 168 Tagesleistungen, ausgeführt werden. Die Tiefbaufirma kann aber nur 6 Handwerker einsetzen. Wie lange dauern die Arbeiten nun?

5. Berechne die fehlenden Zahlen.

Tagesleistungen	☐		☐		☐	
Anzahl der Handwerker	5	☐	10	☐	12	8
Anzahl der Tage	8	10	3	2	14	

6. Für die Eröffnungsfeier eines Sportfestes sollen sich die Teilnehmer in 14 Riegen zu 8 Personen aufstellen. Bei der Probe stellt der Lehrer fest, dass Siebener-Riegen günstiger sind. Wie viele Riegen gibt es nun?

7. Die Elektroinstallation in einem Wohnblock kann von 6 Handwerkern in 15 Tagen fertiggestellt werden. Nach 5 Tagen erkrankt ein Handwerker. In wie viel Tagen sind die Arbeiten fertiggestellt?

8. Ursprünglich sollte eine Terrasse mit 180 Platten zu 0,25 m^2 ausgelegt werden. Familie Böger wählt Platten zu 0,30 m^2. Wie viele Platten müssen mindestens bestellt werden?

9. Britta legt den 18 km langen Weg zum Strand mit dem Fahrrad in etwa einer Stunde zurück. Wiebke fährt dieselbe Strecke mit dem Mofa mit einer durchschnittlichen Geschwindigkeit von 24 $\frac{km}{h}$. Wie lange ist Wiebke unterwegs?

10. Ein LKW-Fahrer ist nach $3\frac{1}{2}$ Stunden Fahrt am Ziel. Er ist durchschnittlich 60 $\frac{km}{h}$ gefahren. Am nächsten Tag muss er wegen einer Baustelle 10 $\frac{km}{h}$ langsamer fahren. Wie lange ist er unterwegs?

3.3 Grafische Darstellungen

Proportionale Zuordnungen

(1)

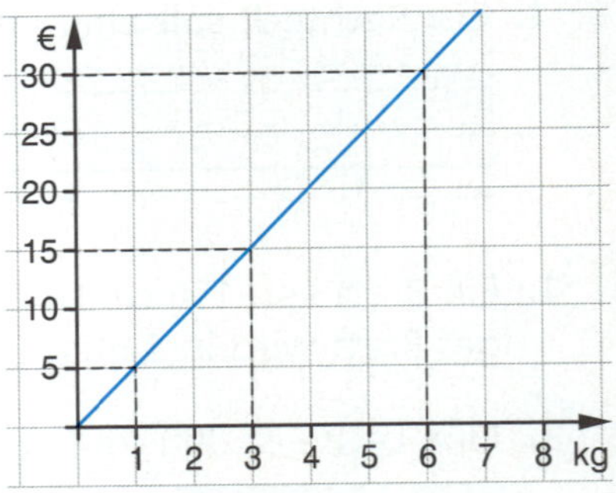

1. Beim Verkauf einer Ware sind zum Beispiel die Größen Gewicht und Preis voneinander abhängig. Man nennt sie darum Größenpaare. Ergänze die Tabelle und vergleiche mit den Werten in der grafischen Darstellung.

Gewicht	1 kg	3 kg	□ kg
Preis	□ €	15 €	30 €

2. Wie viel kosten 1 kg, 4 kg, 5 kg der Ware? Lies die Preise in Bild (1) ab.

3. Wie viel Kilogramm bekommt man für 10 €, 20 €, 25 €. Lies das Gewicht der Ware in Bild (1) ab.

4. Ein Kilogramm Tomaten kostet 2 €. Zeichne eine grafische Darstellung wie in Bild (1). Wähle für kg und € 1-cm-Abstände.

(2)

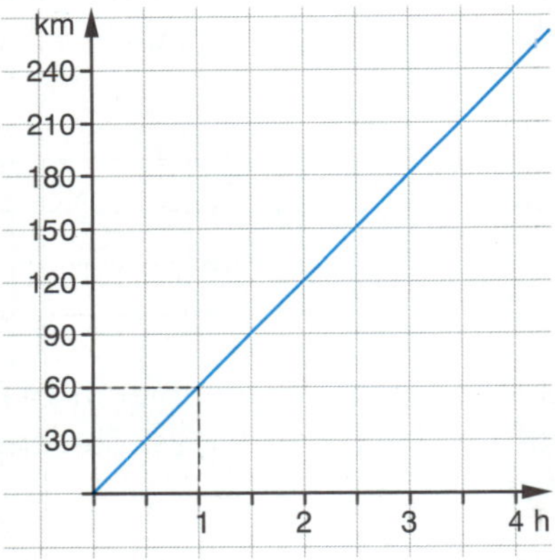

(3)

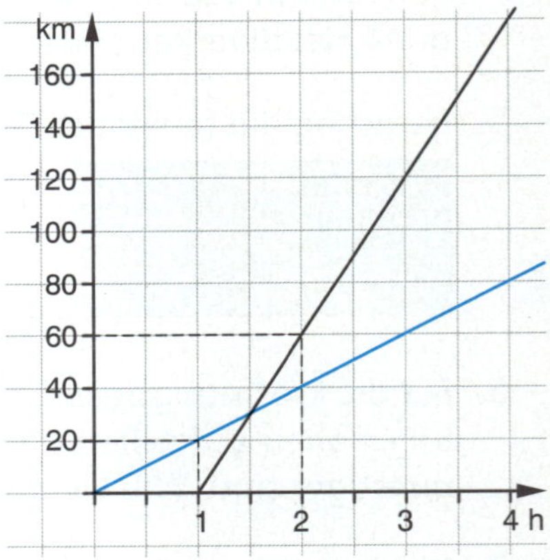

5. Ein Autofahrer legt durchschnittlich 60 $\frac{km}{h}$ zurück. Lies aus Bild (2) ab, welchen Weg er nach $1\frac{1}{2}$ Stunden (2 Stunden, $2\frac{1}{2}$ Stunden, 3 Stunden) zurückgelegt hat.

6. Zeichne eine Darstellung wie in Bild (2) für einen Pkw-Fahrer, der durchschnittlich 80 $\frac{km}{h}$ zurücklegt.

7. Ein Radfahrer fährt mit einer durchschnittlichen Geschwindigkeit von 20 $\frac{km}{h}$ von Neustadt ab. Eine Stunde später fährt ein Pkw-Fahrer von dort mit einer Geschwindigkeit von 60 $\frac{km}{h}$ in die gleiche Richtung. Wann überholt er den Radfahrer? Lies den Zeitpunkt in Bild (3) ab.

8. Ein Wanderer legt 4 $\frac{km}{h}$, ein Radfahrer 12 $\frac{km}{h}$ zurück. Der Radfahrer verlässt denselben Ort eine Stunde später. Zeichne wie in Bild (3). Überlege, welche Abstände du auf der km-Achse wählst.

Umgekehrt-proportionale Zuordnungen

1. Ein Rechteck soll eine Fläche von 24 cm^2 haben. Wie lang können die Seiten sein? Zeichne die Tabelle und ergänze sie.

Seite a (cm)	1	2	3	4	8	12
Seite b (cm)	24	12				

(1)

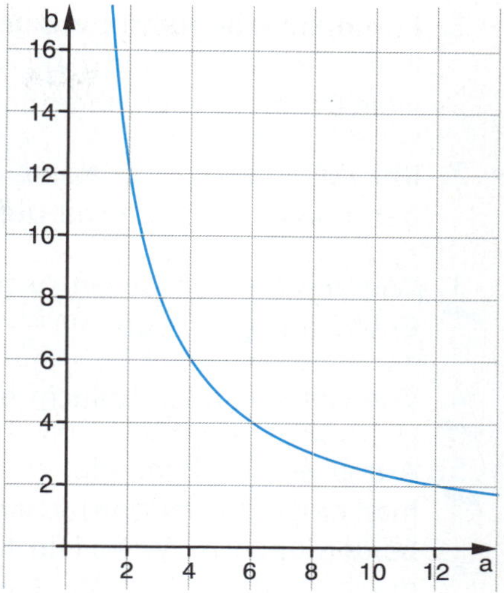

2. Zeichne eine Grafik wie in Bild (1).

3. Drei Maurer können in vier Tagen eine Mauer errichten. Wie lange müssten 6 Maurer an derselben Mauer arbeiten? Zeichne die Tabelle und ergänze sie.

Arbeiter	1	2	3	4	6	8	12
Tage			4				

4. Zeichne eine Grafik zu der Tabelle von Aufgabe 3.

Schaubilder

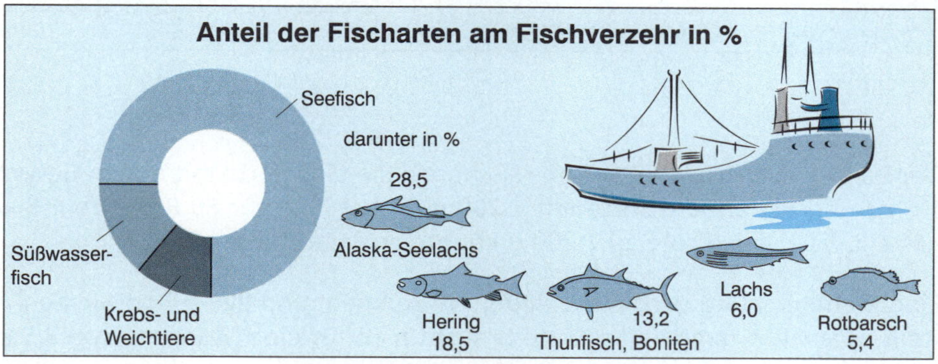

5. Das Bild zeigt die beliebtesten Speisefische in Deutschland. Wie viel Prozent sind es insgesamt? Der Rest entfällt auf andere Seefischarten, Süßwasserfische, Krebs- und Weichtiere. Wie viel Prozent macht der Rest aus?

6. Im Jahr 2000 hat jeder Bundesbürger im Durchschnitt 13,3 kg Fisch verzehrt. Im Jahr zuvor waren es 6,8 % weniger. Wie viel Gramm Fisch waren es im Durchschnitt?

7. Das Gesamtaufkommen von Fisch lag im Jahre 2000 in Deutschland bei 1,8 Millionen Tonnen. 1,5 Millionen Tonnen Fisch wurden eingeführt. Wie viel Prozent? Runde auf Zehntel.

8. Beim Hering sind wegen der großen Nachfrage aus Osteuropa die Preise um 125 % gestiegen. Heute kostet 1 kg Hering im Durchschnitt 1,80 €. Wie viel Euro kostete er vor der großen Nachfrage?

3.4 Vermischte Übungen

1. In einer Farbenfabrik werden 400 Dosen Buntlack mit 750 ml Inhalt abgefüllt. Beim nächsten Arbeitsgang nimmt man für die gleiche Menge Lack 1-*l*- Dosen. Wie viele Dosen werden abgefüllt?

2. Mit 750 ml Lack kann man eine Fläche von 9 m^2 streichen. Für welche Fläche reicht der Inhalt einer 1 000-ml-Dose?

3. Wie viel Meter legt ein Autofahrer in einer Sekunde zurück, wenn er mit einer Geschwindigkeit von 100 $\frac{km}{h}$ fährt?

4. Wie viel Sekunden braucht ein Auto bei 120 $\frac{km}{h}$ für eine Strecke von 100 m?

5. Auf einer Autobahn gibt es einen Stau von 30 km Länge. Für ein Fahrzeug rechnet man einen durchschnittlichen Platzbedarf von 8 m. Wie viele Fahrzeuge stehen auf beiden Spuren? Wie viele Menschen sind betroffen, wenn man annimmt, dass durchschnittlich in jedem Fahrzeug drei Personen sitzen?

✔ **6.** Berechne die fehlenden Zahlen.

Gewicht	1,620 kg	3,600 kg	9,250 kg	□ kg	0,540 kg
Preis pro kg	14,50 €	□ €	13,20 €	9,40 €	□ €
Preis	□ €	23,58 €	□ €	1,41 €	9,99 €

0,150 | 6,55 | 18,50 | 23,49 | 122,10

7. Der Bäcker verkauft zwei Sorten Mischbrot: die eine Sorte mit einem Gewicht von 1,5 kg und die andere Sorte mit 1 200 g. Er hat Teig für 80 Brote zu 1,5 kg hergestellt. Wie viele Brote zu 1 200 g könnte er damit backen?

8. Eine Mehlmischung wird aus 1 200 g Weizenmehl und 800 g Roggenmehl hergestellt. Wie viel Gramm jeder Sorte braucht man für eine Mischung von 3,5 kg?

9. Frau Fromm hat 5 m Gardinenstoff für 39,25 € gekauft. Für ein anderes Zimmer kauft sie später 3,75 m des gleichen Stoffes. Wie viel Euro muss sie bezahlen? Runde.

10. Frau Birkensee will eine Apfelsinenspeise für sechs Personen zubereiten. Im Rezept für vier Personen liest sie: „Man nehme 250 g Sahnequark, den Saft von 6 Apfelsinen und 100 g Zucker." Wie viele Zutaten braucht sie für sechs Personen?

11. Nach einer Betriebszeit von $3\frac{1}{2}$ Stunden hat eine Pumpe 31,5 m^3 Wasser gefördert. Sie läuft danach noch weitere 2 Stunden. Wie viel m^3 Wasser hat die Pumpe insgesamt gefördert?

12. Ein Wanderer legt in 10 Sekunden 16 m zurück. Wie viel Kilometer pro Stunde sind es?

1. Ein Radfahrer fährt mit einer Geschwindigkeit von $20\,\frac{\text{km}}{\text{h}}$ in 45 Minuten von Neuenstein nach Altenburg. Welche Zeit benötigt ein Autofahrer für dieselbe Strecke bei durchschnittlich $60\,\frac{\text{km}}{\text{h}}$?

2. Frau Rickert fuhr gestern 4 Stunden von Kaltenbach nach Oberzell mit einer durchschnittlichen Geschwindigkeit von $80\,\frac{\text{km}}{\text{h}}$. Heute fährt sie um 8.15 Uhr ab. Sie möchte um 12.15 Uhr in Oberzell sein. Mit welcher Geschwindigkeit müsste sie fahren?

3. Vier Betonrohre von je 3 m Länge wiegen zusammen 1,8 t. Wie viel Kilogramm wiegt 1 m des Rohres?

4. Der Wasserhahn tropft. Ilona zählt in einer Minute 50 Tropfen. Nach 10 Minuten liest sie am Messzylinder 40 cm^3 ab. Wie viel Kubikzentimeter Wasser enthält ein Tropfen?

5. Frau Huber hat Käse eingekauft:

322 g Holländischer Käse Kilopreis 10,17 €
106 g Französischer Käse Kilopreis 14,23 €
90 g Bayrischer Käse Kilopreis 14,27 €
125 g Tilsiter Käse Kilopreis 10,19 €

Wie viel Euro muss Frau Huber bezahlen? Runde den Preis jeder Sorte auf Cent.

6. Eine Sitzgarnitur kostet 1 150 €. Bei Barzahlung erhält der Käufer 3 % Skonto. Wenn er sie auf Raten kauft, erhöht sich der Kaufpreis um 11 %. Berechne den Unterschied.

7. Berechne die fehlenden Zahlen.

Gewicht	2,5 kg	1,750 kg	□ kg	□ kg	1,530 kg	3,5 kg
Preis	12,50 €	□ €	6,85 €	8,75 €	□ €	□ €

1,370 1,75 7,65 8,75 17,50

8. Ein Paket mit 500 Blatt Papier wiegt 2 200 g. Wie schwer ist ein Blatt?

9. Erdöl wird auf dem Weltmarkt in Barrel (159 *l*) gehandelt. Zur Zeit kostet ein Barrel 20 US Dollar. Für 2,00 $ bekommt man rund 1,78 €. Wie viel Euro kostet 1 Barrel Erdöl?

10. Mirjam möchte eine Radwanderung machen. Für 18 Tage rechnet sie 15 € pro Tag. Wenn sie 20 € am Tag verbrauchen würde, könnte sie einige Tage weniger fahren. Runde auf ganze Tage.

4 Prozentrechnung

4.1 Prozentwert berechnen

Aufgaben zum mündlichen Rechnen

Grundwert 600 €	100 %	Grundwert 800 €	100 %	Grundwert 500 €	100 %
Prozentwert □ €	Prozentsatz 10 %	Prozentwert □ €	Prozentsatz 5 %	Prozentwert □ €	Prozentsatz 15 %

1. Berechne den Prozentwert in den Tabellen.

2. Berechne 1% (2 % 10% 20% 50% 75% 110%) von
400 kg 700 € 1 200 Stück 1 600 Liter 4800 m^3 120 m

3. Wie viel Prozent sind es? $\frac{1}{2}$ $\frac{1}{4}$ $\frac{2}{5}$ $\frac{3}{5}$ $\frac{7}{10}$ $\frac{3}{20}$ $\frac{17}{50}$ $\frac{6}{25}$

4. 20 % von	**5.** 2 % von	**6.** 3 % von	**7.** 75 % von	**8.** 150 % von
95 €	95 €	120 €	40 kg	500 m^2
55 €	55 €	180 €	80 kg	400 m^2
60 €	60 €	230 €	60 kg	700 m^2
45 €	45 €	110 €	20 kg	600 m^2

9. Herr Hörnke hat eine Rechnung über 1 000 € bekommen. Wenn er bar bezahlt, erhält er einen Preisnachlass von 2 %. Wie hoch ist dieser?

Notiere nur die Ergebnisse. Ihre Summe steht im Kästchen.

10.	**11.**	**12.**	**13.**
6 % v. 300 €	10 % v. 3 000 €	5 % v. 6 400 €	40 % v. 8 000 €
8 % v. 150 €	20 % v. 1 500 €	7 % v. 3 000 €	50 % v. 7 600 €
9 % v. 200 €	25 % v. 2 000 €	6 % v. 5 100 €	80 % v. 4 000 €
48 €	1 100 €	836 €	10 200 €

14. Die Miete für eine Wohnung betrug bis zum Jahresende 400 € monatlich. Im Januar wird sie um 5 % erhöht. Wie viel Euro muss die Familie mehr bezahlen?

15. Eine Familie ist umgezogen. In der alten Wohnung zahlte sie 6 000 € Jahresmiete. In der neuen Wohnung sind es 3 % weniger. Wie hoch ist die neue Jahresmiete?

16. Familie Wehrmann muss ab dem 1. Januar 525 € Miete zahlen. Die alte Miete wurde um 5 % erhöht. Wie hoch war die alte Miete?

17. Versicherungen berechnen die Prämien nach Promille (Tausendstel). Berechne die Prämie.

Versicherungswert in €	45 000	30 000	120 000	140 000	200 000
Promillesatz ‰	2 ‰	1,5 ‰	3,5 ‰	2,5 ‰	4,25 ‰

Aufgaben zum schriftlichen Rechnen

1. Schreibe den Prozentsatz als Dezimalbruch.
17% 12% 1% 3% 2,5% 12,5% 76,3%

Schreibe den Prozentsatz als Dezimalbruch; rechne aus.

2. 12 % von 360 €
38 % von 710 €
29 % von 270 €

3. 1,5 % von 270 €
6,5 % von 120 €
3,9 % von 710 €

12 % v. 360 € = □ €
12 % = $\frac{12}{100}$ = 0,12

```
360 · 0,12
   360
    720
  43,20
```

12 % v. 360 € = 43,20 €

Runde, wenn nötig, auf Cent.

4. 7 % von 760 €
5 % von 352 €
9 % von 926 €
8 % von 531 €

5. 6,3 % von 812 €
7,5 % von 935 €
8,2 % von 373 €
5,4 % von 271 €

6. 12,3 % von 3 630 €
18,4 % von 7 650 €
19,2 % von 8 380 €
16,3 % von 6 420 €

Die Summe der auf Cent gerundeten Ergebnisse steht im Kästchen.

7. 17 % von 812 €
75 % von 724 €
52 % von 836 €
[1 115,76 €]

8. 7,2 % von 1 200 €
8,3 % von 1 380 €
9,5 % von 7 853 €
[946,98 €]

9. 18,3 % von 163,75 €
25,6 % von 284,86 €
78,1 % von 748,07 €
[687,13 €]

10. Familie Kronbach will einen Elektro-Speicherofen kaufen. Im Prospekt findet sie ein Angebot für 1 270 €. Auf diesen Preis werden 16 % Mehrwertsteuer aufgeschlagen. Bei Barzahlung gibt es 2 % Preisnachlass. Wie viel Euro wird der Speicherofen kosten?

11. Ein Würfel von 17 cm Kantenlänge ist zu 35 % mit Wasser gefüllt. Wie viel Liter sind es? Runde auf Deziliter.

12. Wie viel Prozent sind:
50 % von 50 % 10 % von 60 % 25 % von 60 % 25 % von 40 %
Wenn du mit Hundertsteln rechnest, findest du schnell die Ergebnisse.

Prüfe, ob die gerundeten Ergebnisse alle richtig sind.

13. 17 % von 375,78 € = 63,80 €
1,9 % von 984,57 € = 18,71 €
0,8 % von 839,45 € = 16,72 €

14. 75,4 % von 8 720 € = 6 574,88 €
33,3 % von 7 490 € = 2 494,17 €
45,7 % von 8 346 € = 3 814,13 €

15. Familie Senn muss 5 % mehr Miete bezahlen. Bisher betrug die Miete 425,70 €. Wie viel Euro muss sie künftig bezahlen?

16. Vor 60 Jahren kostete ein Ei umgerechnet 3 Cent, heute muss man 900 % mehr bezahlen. Wie teuer ist heute ein Ei?

4.2 Prozentsatz berechnen

Aufgaben zum mündlichen Rechnen

Grundwert 600 €	100 %	Grundwert 450 €	100 %	Grundwert 4 000 €	100 %
Prozentwert 120 €	Prozentsatz □ %	Prozentwert 90 €	Prozentsatz □ %	Prozentwert 800 €	Prozentsatz □ %

1. Berechne in den Tabellen den Prozentsatz.

2. Berechne den Bruchteil. Erweitere auf Hundertstel.

8 von 40	5 von 25	4 von 16	10 von 100	25 von 500	14 von 280
6 von 50	9 von 20	3 von 15	20 von 200	40 von 800	36 von 720
5 von 20	9 von 18	7 von 28	30 von 300	50 von 500	48 von 960

Wie viel Prozent sind es?

3. 7 kg von 100 kg
9 kg von 300 kg
8 kg von 400 kg
4 kg von 200 kg

4. 3 m von 150 m
6 m von 120 m
8 m von 160 m
9 m von 180 m

5. 200 *l* von 800 *l*
350 *l* von 700 *l*
125 *l* von 250 *l*
160 *l* von 640 *l*

6. 15 € von 3 000 €
30 € von 2 000 €
12 € von 2 400 €
80 € von 4 000 €

7. Der Preis für eine Sitzgruppe wurde um 105 € erhöht. Ursprünglich kosteten die Möbel 2 100 €. Um wie viel Prozent wurde der Preis erhöht?

8. 4 € von	**9.** 3 kg von	**10.** 20 € von	**11.** 60 m von	**12.** 70 *l* von
10 €	60 kg	100 €	300 m	350 *l*
40 €	30 kg	500 €	150 m	700 *l*
20 €	15 kg	400 €	120 m	140 *l*
80 €	10 kg	250 €	240 m	280 *l*

13. Eine Stadthalle bietet 6 000 Sitzplätze. 5 400 sind besetzt. Wie viel Prozent sind es?

14. Fabian hat am Jahresanfang 400 € auf seinem Sparkonto. Im Laufe des Jahres spart er 600 €. Um wie viel Prozent hat sich sein Konto erhöht?

Schreibe die Prozentsätze auf. Die Summe der Ergebnisse steht im Kästchen.

15. 16 kg von 800 kg
72 kg von 800 kg
64 kg von 800 kg
56 kg von 800 kg
[26 %]

16. 26 € von 1 300 €
45 € von 1 500 €
72 € von 1 200 €
98 € von 1 400 €
[18 %]

17. 250 ha von 5 000 ha
320 ha von 4 000 ha
450 ha von 9 000 ha
810 ha von 9 000 ha
[27 %]

18. Berechne 1 ‰ (1,5 ‰) von 4 000 € 5 000 € 25 000 € 155 000 €

Aufgaben zum schriftlichen Rechnen

1. Matthias hat 73 € von 500 € ausgegeben. Wie viel Prozent des ursprünglichen Betrages sind es? Rechne wie im Beispiel.

> 73 € von 500 € = □ %
> $\frac{73}{500}$ = 73 : 500 = 0,146
> 0,146 = 14,6 %

Berechne den Prozentsatz wie im Beispiel. Runde.

2. 73 l von 800 l
49 l von 900 l
85 l von 600 l

3. 125 kg von 370 kg
162 kg von 420 kg
205 kg von 520 kg

4. 350 € von 1 750 €
420 € von 1 680 €
720 € von 2 880 €

5. Matthias berechnet den Prozentsatz für 47 € von 248 € mit dem Taschenrechner. In der Anzeige liest er 0.1895161; Runde auf Zehntelprozent.

6. Berechne den Prozentsatz mit dem Taschenrechner. Runde auf Zehntelprozent.
54 € von 673 € 17 € von 712 € 13 € von 817 € 117 € von 913 €

Die gerundeten Ergebnisse stehen in den Kästchen.

7. 10 € von 30 €
20 € von 30 €
30 € von 80 €
18 € von 70 €

8. 40 kg von 90 kg
60 kg von 70 kg
50 kg von 80 kg
40 kg von 70 kg

9. 70 m von 300 m
60 m von 160 m
35 m von 220 m
42 m von 512 m

8 % | 16 % | 23 % | 26 % | 33 % | 38 % | 38 % | 44 % | 57 % | 63 % | 67 % | 86 %

10. Die Grund- und Hauptschule in der Oberstadt wird von 483 Schülerinnen und Schülern besucht. 136 Kinder besuchen die Hauptschule. Wie viel Prozent aller Kinder besuchen die Hauptschule, wie viel die Grundschule? Runde auf Zehntelprozent.

Runde auf Zehntelprozent.

11. 976 m von 2 815 m
97,6 m von 2 815 m
97,6 m von 281,5 m
97,6 m von 28,15 m

12. 888 m^3 von 3 112 m^3
88,8 m^3 von 3 112 m^3
88,8 m^3 von 311,2 m^3
88,8 m^3 von 31,12 m^3

13. 727 kg von 1 523 kg
72,7 kg von 1 523 kg
72,7 kg von 152,3 kg
72,7 kg von 15,23 kg

14. Ein Sportverein hat 536 Mitglieder. 278 sind Jugendliche, 170 sind Seniorinnen und Senioren. Die übrigen Mitglieder sind Mütter mit Kleinkindern. Berechne die Anteile in Prozent.

Runde, wenn nötig auf Zehntelprozent.

15. 40 kg von 500 kg
55 kg von 950 kg
23 kg von 130 kg
34 kg von 112 kg

61,9 %

16. 102 km von 300 km
500 km von 1 230 km
65 km von 3 250 km
7,2 km von 140 km

81,8 %

17. 4,8 ha von 23,40 ha
7,5 ha von 157,50 ha
11,2 ha von 45,42 ha
10,7 ha von 93,50 ha

61,4 %

4.3 Grundwert berechnen

Grundwert □ €	100 %	Grundwert □ €	100 %	Grundwert □ €	100 %
Prozentwert 25 €	Prozentsatz 5 %	Prozentwert 48 €	Prozentsatz 12 %	Prozentwert 5 600 €	Prozentsatz 8 %

1. Berechne in den Tabellen den Grundwert.

2. Die €-Beträge sind immer 1 % des Grundwertes. Berechne den Grundwert.
32 € 129 € 403 € 6 000 € 735 € 76,25 € 4,86 €

3. Die €-Beträge sind immer 10 % des Grundwertes. Berechne den Grundwert.
9,20 € 0,87 € 24,50 € 123,56 € 504,70 € 900,29 € 1 324,78

Berechne zuerst 1 %, dann den Grundwert.

4.
13 % d.G. = 390 €
25 % d.G. = 500 €
75 % d.G. = 750 €
34 % d.G. = 170 €

5.
15 % d.G. = 105 m
16 % d.G. = 160 m
18 % d.G. = 108 m
32 % d.G. = 128 m

6.
12 % d.G. = 144 kg
13 % d.G. = 104 kg
14 % d.G. = 126 kg
15 % d.G. = 225 kg

Schreibe den Grundwert auf. Die Summe der Ergebnisse steht im Kästchen.

7.
12 % d.G. = 96 m
16 % d.G. = 48 m
24 % d.G. = 72 m
18 % d.G. = 54 m
[1 700 m]

8.
65 % d.G. = 650 €
29 % d.G. = 145 €
30 % d.G. = 450 €
90 % d.G. = 810 €
[3 900 €]

9.
1,3 % d.G. = 11,7 kg
5,4 % d.G. = 43,2 kg
2,5 % d.G. = 17,5 kg
6,5 % d.G. = 19,5 kg
[2 700 kg]

10. Frau Konrad hat eine Lampe gekauft. Weil sie sofort bezahlt, kann sie 2 % des Rechnungsbetrages abziehen. Es sind 4,80 €. Auf wie viel Euro lautete die Rechnung?

11. Für Bekleidung und Schuhe hat die Familie im letzten Monat 256 € ausgegeben. Das sind 8 % des Monatseinkommens der Familie. Wie hoch ist dieses?

12. Frau Grundwald spart jeden Monat 60 €. Das sind 4 % ihres monatlichen Einkommens. Wie hoch ist dieses?

Sind alle Aufgaben richtig gelöst?

13.
20 % d.G. = 220 Grundwert: 1 100
30 % d.G. = 360 Grundwert: 1 200
40 % d.G. = 322 Grundwert: 3 220
35 % d.G. = 105 Grundwert: 1 050

14.
18 % d.G. = 126 Grundwert: 700
25 % d.G. = 125 Grundwert: 500
81 % d.G. = 729 Grundwert: 800
14 % d.G. = 168 Grundwert: 120

15. Die Miete wird um 2 % erhöht, das sind 19 €. Höhe der alten Miete?

4.4 Endwert berechnen

Der Endwert ist größer als der Grundwert

Grundwert 900 €	100 %	Grundwert 7 000 €	100 %	Grundwert 8 400 €	100 %
Prozentwert + □ €	Prozentsatz 15 %	Prozentwert + □ €	Prozentsatz 10 %	Prozentwert + □ €	Prozentsatz □ %
Endwert □ €	Prozentsatz 115 %	Endwert □ €	Prozentsatz □ €	Endwert □ €	Prozentsatz 125 %

1. Berechne in den Tabellen die fehlenden Werte.

2. Im letzten Jahr besuchten 53 700 Gäste ein Seebad. In diesem Jahr waren es 15 % mehr. Wie viele Gäste waren es?

3. Ein Kaufmann konnte den Umsatz des letzten Jahres um 4,5 % steigern. Der Umsatz betrug im Vorjahr 364 000 €. Wie hoch war der Umsatz in diesem Jahr?

Berechne nur den Endwert.

4. 4 800 € (+13 %)
9 400 € (+18 %)
6 300 € (+20 %)
8 100 € (+16 %)

5. 196 € (+25 %)
316 € (+15 %)
124 € (+12 %)
645 € (+16 %)

6. 78 € (+15 %)
13 € (+20 %)
48 € (+30 %)
39 € (+50 %)

Der Endwert ist kleiner als der Grundwert

Berechne nur den Endwert.

7. 3 600 € (–10 %)
6 300 € (–15 %)
8 600 € (–12 %)
9 100 € (–26 %)

8. 360 € (–12 %)
425 € (–15 %)
872 € (–25 %)
785 € (–12 %)

9. 83 € (–14 %)
96 € (–27 %)
45 € (–17 %)
31 € (–39 %)

10. In einem Ort mit 8 440 Einwohnern ist die Einwohnerzahl um 5 % gesunken. Wie viele Einwohner hat der Ort heute?

11. Ein Gartenweg von 56 m Länge soll gepflastert werden. 40 % des Weges sind schon fertig. Wie viel Meter sind noch zu pflastern?

Berechne den Endwert. Die Summe der Ergebnisse steht im Kästchen.

12. 3 700 € (+13 %)
6 400 € (+13 %)
8 300 € (+13 %)
20 792 €

13. 147 € (–12 %)
316 € (–18 %)
917 € (–15 %)
1 167,93 €

14. 32 € (–25 %)
76 € (+75 %)
81 € (–19 %)
222,61 €

15. 6 € (+17 %)
7 € (–31 %)
8 € (+48 %)
23,69 €

5.1 Zuwachs – Abnahme – Vergleich

1. Eine alte Waschmaschine verbrauchte 105 *l* Wasser und 2,7 kWh Strom pro Waschgang. Ein neues Modell benötigt 82 *l* bei 2,1 kWh Stromverbrauch. Um wie viel Prozent sank der Wasser- bzw. der Stromverbrauch?

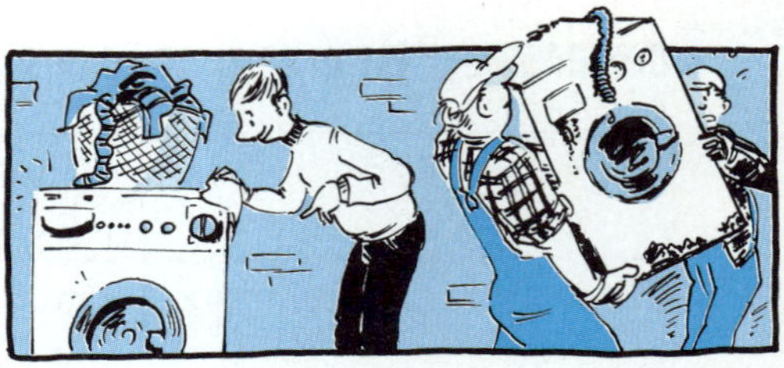

2. Ein Kubikmeter Wasser kostet 1,70 €, eine Kilowattstunde 0,16 €. Berechne zuerst die Kosten für einen Waschgang mit der alten, danach für einen mit der neuen Waschmaschine (Aufgabe 1). Berechne die Ersparnis in Prozent.

3. Familie Zenker hat die Verbrauchsabrechnung für das vergangene Jahr bekommen. Sie liest auf der Abrechnung: Alter Zählerstand: 20 960 Kilowattstunden (kWh), Neuer Stand: 23 038 kWh. 1 kWh Tagesstrom kostet 13,4 Cent. Berechne den Bruttopreis (Nettopreis + 16 % Mehrwertsteuer).

4. Ein herkömmlicher Spülkasten liefert bei einer Toilettenspülung 9 *l* Wasser. Ein Spar-Spülkasten verbraucht nur 6 *l*. Bei einem 4-Personenhaushalt rechnet man mit durchschnittlich 20 Spülungen täglich. Berechne den jeweiligen Verbrauch pro Monat (30 Tage) und die Ersparnis durch den modernen Spülkasten in Prozent.

5. Berechne die fehlenden Zahlen. 1 m^3 Wasser kostet 1,70 €. Runde auf Cent.

Wasserverbrauch	25 m^3	□ m^3	□ m^3	□ m^3
Nettokosten	42,50 €	52,70 €	□ €	□ €
Mehrwertsteuer 16%	□ €	□ €	□ €	8,16 €
Bruttokosten	□ €	□ €	9,86 €	□ €

6. Ein Fernsehgerät kostete 357 €. Es wird für 267,75 € verkauft. Wie viel Prozent Rabatt bekommt der Kunde?

7. Eine Glühlampe verbraucht in 1 Stunde 25 Watt. Wie viele Stunden kann sie für 1 Kilowatt leuchten? Wie lange kann eine Sparlampe von gleicher Leuchtkraft bei 5 Watt brennen? Um wie viel Prozent leuchtet die Sparlampe länger als die Glühlampe?

LEISTUNGSVERGLEICH:

Glühlampen	≙	Sparlampen
25 Watt	≙	5 Watt
40 Watt	≙	7 Watt
60 Watt	≙	11 Watt
75 Watt	≙	15 Watt
100 Watt	≙	20 Watt

8. Die Stromersparnisse weichen bei den Lampen etwas von einander ab (s. Tabelle). Berechne den Unterschied zuerst in Watt, dann in Prozent. Runde, wenn nötig, auf Zehntelprozent.

9. Ein Fünfer-Pack von 100-Watt-Normallampen kostet 3,80 €. Eine Lampe hat eine Brenndauer von 1 000 Stunden. Ein Sparlampe mit annähernd gleicher Leuchtkraft kostet 10,20 € bei einer Brenndauer von rund 15 000 Stunden. Berechne die Kosten für 1 000 Stunden Brenndauer und die Ersparnisse in Prozent.

5.2 Einkauf – Verkauf – Mehrwertsteuer

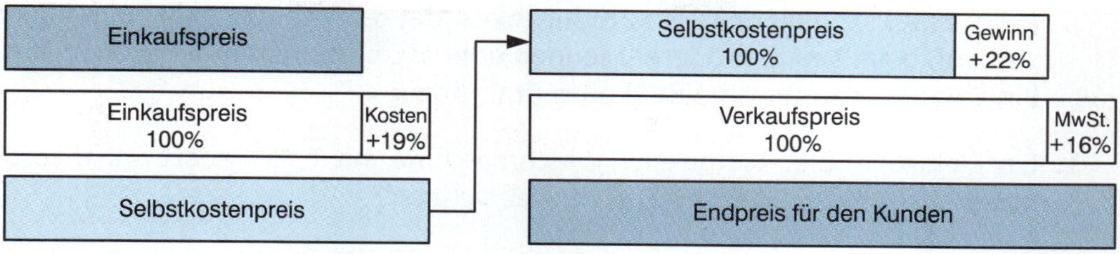

1. Ein Kaufmann hat für 23 000 € Ware eingekauft. Er rechnet mit 19 % Kosten (Ladenmiete, Personalkosten, Energie, u. a.). Wie hoch ist der Selbstkostenpreis in Prozent und in Euro?

2. Zum Selbstkostenpreis (Aufgabe 1) rechnet der Kaufmann 22 % Gewinn hinzu. Wie hoch ist der Verkaufspreis der Ware?

3. Eine Polstergarnitur kostet im Einkauf 690 €. Für die Kosten rechnet der Kaufmann 15 %, für den Gewinn 25 % hinzu. Welcher Endpreis einschließlich 16 % Mwst. steht auf dem Preisschild? Runde auf Euro.

4. Ein leicht beschädigter Schrank muss mit Verlust verkauft werden. Er beträgt 15 % des Selbstkostenpreises von 1 360 €. Wie hoch ist der Verkaufspreis? Wie hoch ist der Endpreis? Runde auf Euro.

5. Berechne die fehlenden Zahlen.

Selbstkostenpreis	1 450 €	100 %	□ €	100 %	1 250 €	100 %
Gewinn / Verlust	+ □ €	+18 %	+ □ €	+12 %	−125 €	− □ %
Verkaufspreis	□ €	□ %	4 166,40 €	□ %	□ €	□ %
Endpreis	□ €		□ €		□ €	

6. Familie Berger bekommt den Gebührenbescheid für das vergangene Jahr.

Grundgebühr:	Gas	240 €,	Strom	54 €,	Wasser	36 €
Kosten für:	Gas	1 853,30 €,	Strom	701,80 €,	Wasser	393,75 €

Für Abwasser werden 571,50 € berechnet. Auf Wasser werden 7 %, auf Gas und Strom 16 % MwSt. erhoben. Wie viel Euro muss Familie Berger insgesamt bezahlen?

7. Der Teppichverleger berechnet: 18 m^2 Teppichboden zu 26,25 € je m^2, 12 m Fußleiste zu 4,05 € je m, 6 kg Fußbodenkleber zu 8,55 € je kg, 5 Arbeitsstunden zu 49,60 € je Stunde, Mehrwertsteuer 16 %. Wie lautet der Rechnungsbetrag?

8. Für Nahrungsmittel, Zeitschriften u. a. beträgt die Mehrwertsteuer 7 %. Berechne die Mehrwertsteuer für die folgenden Beträge. Runde auf Cent.
1,25 €   8,40 €   7,19 €   12,25 €   19,60 €   23,12 €   35,70 €

9. Der Einkaufspreis einer Ware beträgt 660 €, die Kosten berechnet der Kaufmann mit 10 %, den Gewinn mit 30 %. Die Mehrwertsteuer beträgt 16 %. Endpreis?

5.3 Rabatt – Skonto

Rabatt (ital. Abschlag) ist ein Preisnachlass, der dem Käufer z. B. beim Räumungsverkauf, beim Bezug größerer Mengen oder aus besonderem Anlass gewährt wird. Ein Barzahlungsrabatt heißt Skonto (ital. Abzug).

1. Ein Elektrohändler bietet eine Waschmaschine mit 7 % Rabatt an. Ursprünglich kostete sie 617 €. Wie viel Euro kostet sie jetzt?

2. Ein Kaufmann nimmt eine größere Warenmenge für 56 312 € ab. Der Großhändler gewährt 15 % Rabatt. Wie viel Euro muss der Kaufmann bezahlen?

3. Frau Bärwald bezahlt nach Abzug von 2 % Skonto 1 470 €. Wie hoch war der Rechnungsbetrag?

4. Berechne die fehlenden Zahlen.

Rechnungsbetrag	857 €	100 %	970 €	100 %	2 530 €	100 %
Rabatt / Skonto	☐ €	3 %	☐ €	☐ %	☐ €	☐ %
Barzahlungsbetrag	☐ €	☐ %	950,60 €	☐ %	2 479,40 €	☐ €

5. Frau Ewald kauft ein neues Auto für 22 926 €. Sie erhält einen Rabatt von 3 % und 2 % Skonto. Wie viel Euro bezahlt Frau Ewald?

6. In eine Etagenwohnung werden neue verschiedene Elektro-Speicheröfen eingebaut: ein Ofen für 565 €, ein Ofen für 625 €, zwei Öfen zu je 875 € zuzüglich 16 % MwSt. Berechne die Endpreise. Der Eigentümer zahlt bar, die Firma gibt 5 % Rabatt. Wie hoch ist der Rechnungsbetrag?

7. Herr Bollmann braucht ein neues Fernsehgerät. Es ist mit einem Preis von 524 € ausgezeichnet. Er kauft es und bezahlt es in 4 Raten zu 142,79 €. Um wie viel Prozent ist das Gerät nun teurer? Bei Barzahlung hätte er 3 % Skonto bekommen. Wie groß ist der Unterschied zwischen Ratenzahlung und Barzahlung?

Berechne immer 2 % Skonto und den Barzahlungsbetrag. Runde auf Cent.

8. 675,83 €; 912,95 €; 708,42 €

9. 3 714,75 €; 6 007,32 €; 9 440,78 €

10. 9 732,65 €; 8 410,04 €; 2 398,17 €

11. 12 413,48 €; 10 071,39 €; 14 998,40 €

12. Ein Buchhändler kauft bei einem Verlag 600 Bücher zu einem Ladenpreis von 9,80 € je Exemplar. Er erhält darauf 20 % Rabatt. Wie viel Euro muss er bezahlen?

13. Berechne die fehlenden Zahlen.

Bruttobetrag	700 €	1 250 €	☐ €	☐ €	☐ €	2 300 €	8 500 €
Rabatt	15 %	21 %	13 %	18 %	25 %	☐ %	☐ %
Nettobetrag	☐ €	☐ €	696 €	656 €	750 €	1 794 €	6 545 €

5.4 Brutto – Netto

Brutto (ital. roh) kommt meistens in Zusammensetzungen wie Bruttogewicht, Bruttolohn, Bruttogewinn vor. Darin sind Verpackung (Tara), Steuern oder andere Kosten enthalten.
Netto (ital. rein) in den Wörtern Nettogewicht, Nettolohn, Nettogewinn bedeutet z. B. Ware ohne Tara, ausgezahlter Lohn, reiner Gewinn nach Abzug aller Abgaben vom Brutto.

1. Auf der Waage am Getreidesilo wiegt ein Anhänger mit Getreide 21 940 kg. Der Anhänger wiegt leer 4 634 kg. Wie viel Prozent des Bruttogewichts beträgt das Gewicht des Getreides? Runde auf ganze Prozent.

2. Auf einem Anhänger sind 14 500 kg Getreide geladen, das sind 75 % des Bruttogewichts. Wie hoch ist das Bruttogewicht?

3. Ein Glas mit Pulverkaffee wiegt 370 g. Der Inhalt ist mit 100 g angegeben. Wie viel Prozent des Bruttogewichts beträgt die Tara?

4. Ein Glas mit entsteinten Schattenmorellen wiegt 1,065 kg. Die Füllmenge beträgt 64 % des Bruttogewichts. Berechne das Nettogewicht in Gramm.

5. Berechne die fehlenden Zahlen.

Brutto	☐ kg	100 %	☐ kg	100 %	14 900 kg	100 %
Abzug (Tara)	7,5 kg	15 %	☐ kg	25 %	☐ kg	☐ %
Netto	☐ kg	☐ %	960 kg	☐ %	☐ kg	72 %

6. Herr Weichert erhält als lediger Arbeitnehmer einen Bruttolohn von 2 546 €. An Abgaben (Steuern, Krankenversicherung, Rentenversicherung und Arbeitslosenversicherung) muss er 35 % zahlen. Wie hoch ist sein Nettolohn?

7. Ein Arbeitnehmer erhält ein Nettogehalt von rund 2 278 €. Rund 34 % des Bruttogehalts zahlt er an Abgaben. Bruttogehalt?

8. Susanne bekommt 1 725 € Lohn ausgezahlt. Vom Bruttolohn werden ihr für alle Abgaben 31 % abgezogen. Wie hoch ist der Bruttolohn?

9. Im Handel spricht man auch von Bruttogewinn ohne die Abzüge durch Steuern u. a. Kaufmann Flindt hatte im letzten Jahr einen Bruttogewinn von rund 180 300 €. Davon bleiben ihm nach den Abgaben 99 165 € Nettogewinn. Wie hoch waren die Abgaben in Prozent?

10. Bei Schiffen wird der gesamte Rauminhalt in Bruttoregistertonnen (BRT), der Raum für die Ladung in Nettoregistertonnen (NRT) angegeben. Eine Registertonne enthält 2,832 m^3. Ein Schiff hat 15 000 BRT. Wie groß ist sein Rauminhalt in Kubikmeter?

5.5 Vermischte Übungen

1. Berechne die fehlenden Zahlen. Die Lösungen findest du in den Kästchen.

Brutto	712 kg	835 kg	□ kg	□ kg	12,700 kg	322,650 kg
Tara	17 %	12 %	25 %	9 %	19 %	9 %
Netto	□ kg	□ kg	987,750 kg	45,955 kg	□ kg	□ kg

1 317 kg	590,96 kg	734,800 kg	50,5 kg	10,287 kg	293,612 kg

2. Wenn man die Seite a = 6 cm eines Quadrates um 50 % verlängert, ändert sich dann auch die Fläche um 50 %? Zeichne eine Skizze und prüfe durch die Rechnung.

3. Ein Wohnungsinhaber bekommt die Jahresabrechnung über den Wasserverbrauch von 181,27 €. Auf den Trinkwasserverbrauch entfallen rund 39 %, auf die Beseitigung der Abwässer entfallen 47 %, der Rest auf das Niederschlagswasser. Wie hoch sind die Anteile in Euro?

4. Ein Handwerksmeister hat seine Werkstatt mit 180 000 € und sein Wohnhaus mit 350 000 € gegen Feuer versichert. Für die Werkstatt beträgt die Prämie 3,5 ‰, für das Haus 1,75 ‰. Wie hoch sind die beiden Jahresprämien zusammen?

5. Von den 326 809 Schülerinnen und Schülern Schleswig-Holsteins besuchten 126 802 die Grundschule, 41 178 die Hauptschule, 57 172 die Realschule und 66 342 das Gymnasium. Der Rest ging auf andere allgemeinbildende Schulen. Berechne die Prozentsätze. Runde auf Zehntelprozent.

6. In ein Quadrat mit a = 4 cm ist ein Kreis eingezeichnet (siehe Bild). Wie viel Prozent der Fläche des Quadrates nimmt der Kreis ein?

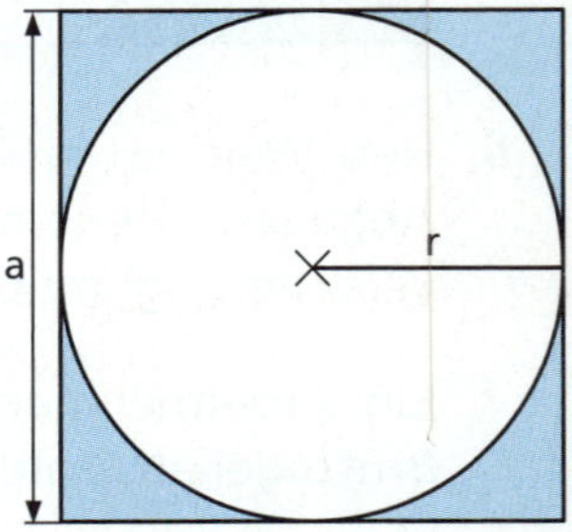

7. In einem gläsernen Würfel mit a = 3 cm sieht man einen Kegel mit der Höhe k = 3 cm. Das Bild zeigt wie die Grundflächen der Körper aussehen. Wie viel Prozent des Volumens des Würfels nimmt der Kegel ein?

8. Ein Herrenausstatter senkt den Preis für Sakkos vom vorhergehenden Jahr um 20 %. Jetzt kosten sie 80 €. Wie viel Euro kosteten sie vorher?

9. Berechne die fehlenden Zahlen. Die Lösungen findest du in den Kästchen.

Grundwert	750 €	117 €	550 €	15,30 €	□ €	□ €
Prozentsatz	+5 %	+12 %	+□ %	+□ %	+10 %	+25 %
Endwert	□ €	□ €	643,50 €	16,83 €	770 €	500 €

700 €	400 €	10 %	131,04 €	17 %	787,50 €

1. Die Bundesrepublik Deutschland hat eine Bodenfläche von 357 000 km^2. Davon werden 192 780 km^2 landwirtschaftlich genutzt. Wie viel Prozent sind es?

2. Auf der landwirtschaftlich genutzten Fläche wurde im Jahr 2000 zu 3,7 % ökologischer Landbau betrieben. Wie viel Quadratkilometer waren es? (s. Aufg. 1)

3. Das Schaubild zeigt die Anzahl der ökologisch bewirtschafteten Bauernhöfe. Berechne die Entwicklung von 1995 bis 2000 in Prozent.

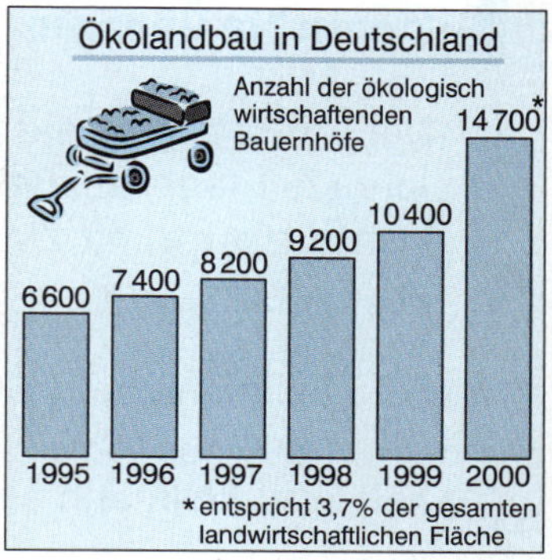

4. Die Rechnung eines Klempners enthält folgende Aufstellung: Anschlussventil 40,15 € Verlängerungsstück 6,35 € Geruchsverschluss 9,45 € Monteurstunden 71,50 €. Wie lautet der Endbetrag einschließlich 16 % Mehrwertsteuer?

5. Herr Wagner hat sich Bücher schicken lassen. Auf der Rechnung liest er: Netto 70 €, Brutto 74,90 €. Wie viel Prozent beträgt die Mehrwertsteuer?

6. Berechne die fehlenden Zahlen. Runde auf Cent.

Einkaufspreis	1 750 €	100 %	☐ €	100 %	☐ €	100 %
Kosten	☐ €	20 %	54,75 €	15 %	☐ €	18 %
Selbstkostenpreis	☐ €	☐ %	☐ €	☐ %	8 850 €	☐ %

365 | 120 | 118 | 7 500 | 419,75 | 1 350 | 2 100 | 350 | 115

7. Im Jahre 1973 besuchten in einer Großstadt 15 381 Kinder die Grundschule, im Schuljahr 2000 waren es nur noch 8 090 Kinder. Um wie viel Prozent ging die Zahl der Schüler zurück?

8. In der Hauptschule ging die Schülerzahl von 1977 bis 2000 von 5 284 um 56 % zurück. Wie viele Hauptschüler gab es 2000 in der Stadt?

9. 1990 besuchten 3 113 Schülerinnen und Schüler die Realschule. 10 Jahre später waren es 5 % mehr. Im gleichen Zeitraum stieg die Zahl der Gymnasiasten von 4 895 um 2 %. Berechne die Zahlen für das Jahr 2000.

10. Ein silberner Becher wiegt 65 g. Er trägt den Stempel 835, d. h. $\frac{835}{1000}$ des Gewichtes ist reines Silber. Wie viel Gramm reines Silber enthält der Becher?

11. Glockenbronze besteht zu 78 % aus Kupfer und zu 22 % aus Zinn. Für einen Glockenguss sind 663 kg Kupfer angeliefert. Wie viel kg Zinn werden gebraucht?

12. Welche Stempel tragen die Gegenstände aus folgenden Goldlegierungen?

Gewicht	21 g	6,8 g	28 g	7 g	7,2 g	750 g
Feingold	7 g	5,1 g	16,380 g	6,3 g	5,4 g	249,75 g

6 Zinsrechnung

6.1 Zinsen berechnen

Der Zinssatz gibt die Zinsen in der Regel für ein Jahr (360 Tage) an. Bei Krediten rechnen die Geldinstitute auch mit Zinsen pro Monat, z. B. 0,9 % pro Monat.

Kapital (Grundwert) 6 000 €	100 %
Zinsen (Prozentwert) □ €	Zinssatz (Prozentsatz) 7 %

1. Frau Bellmann hat 6 000 € für ein Jahr festgelegt. Die Sparkasse zahlt 7 % Zinsen. Wie viel Zinsen erhält Frau Bellmann am Ende der Laufzeit?

2. Herr Bauer hat 7 500 € zu 4,25 % und 3 600 € zu 4,0 % für ein Jahr festgelegt. Wie viel Zinsen bekommt er insgesamt nach einem Jahr?

✓ Berechne die Jahreszinsen. Die Ergebnisse stehen der Größe nach geordnet in den Kästchen.

3. 870 € zu 3 %
1 930 € zu 4 %
4 350 € zu 7 %

4. 3 640 € zu 4,7 %
8 006 € zu 7,5 %
9 348 € zu 9,5 %

5. 10 500 € zu 6,25 %
19 700 € zu 6,75 %
21 800 € zu 14,25 %

26,10 € | 77,20 € | 171,08 € | 304,50 € | 600,45 € | 656,25 € | 888,06 € | 1 329,75 € | 3 106,50 €

6. Frau Frühauf hat für ein Darlehen von 4 500 € 14,5 % Zinsen zu zahlen. Nach einem Jahr zahlt sie das Darlehen und die Zinsen zurück. Gesamtbetrag?

Merke: 1 Monat = $\frac{1}{12}$ eines Zinsjahres   1 Tag = $\frac{1}{360}$ eines Zinsjahres

7. Die Jahreszinsen für ein Sparguthaben betragen 660 €. Wie viel Euro sind es in 7 Monaten? Wie viel sind es in 125 Tagen?

8. Die Jahreszinsen betragen 720 €. Berechne die Zinsen für die angegebenen Zeiträume:
6 Mon.   11 Mon.   9 Mon.   113 Tage   265 Tage

Jahreszinsen: 660 €
Zinsen für 7 Monate:
$\frac{7}{12} \cdot 660 = 385$ 385 €

Zinsen für 125 Tage:
$\frac{125}{360} \cdot 660 \approx 229{,}17$ 229,17 €

✓ **9.** Berechne die Zinsen. Runde auf Cent.

Kapital	6 500 €	5 737 €	12 640 €	11 750 €	19 430 €	53 756 €
Zinssatz	6 %	7,5 %	8,25 %	11 %	6,5 %	7,25 %
Zeit	1 Jahr	6 Mon.	11 Mon.	170 Tage	45 Tage	10 Tage

108,26 € | 157,87 € | 215,14 € | 390,00 € | 610,35 € | 955,90 €

10. Ein Kapital von 6 500 € wird mit 2,5 % verzinst. Wie viel Zinsen bringt es in 9 Monaten?

6.2 Zinssatz berechnen

1. Frau Scholz erhält bei ihrer Bank für eine Spareinlage in Höhe von 7 000 € nach einem Jahr 350 € Zinsen. Zinssatz?

2. Am Anfang des Jahres hat Benjamin 874 € auf seinem Sparkonto. Am Ende des Jahres bekommt er 21,85 € Zinsen. Wie hoch wurde sein Geld verzinst?

Kapital (Grundwert) 7 000 €	100 %
Zinsen pro Jahr (Prozentwert) 350 €	Zinssatz (Prozentsatz) □ %

3. Für einen Kredit von 8 000 € zahlt Frau Schröder 760 € Zinsen. Wie viel Prozent beträgt der Zinssatz?

4. Berechne den Zinssatz. Die Ergebnisse stehen in den Kästchen.

Kapital	787 €	2 500 €	4 480 €	8 540 €	13 700 €	21 540 €
Zinsen pro Jahr	15,74 €	62,50 €	134,40 €	640,50 €	1 301,50 €	2 261,70 €

2 % | 2,5 % | 3 % | 7,5 % | 9,5 % | 10,5 %

5. Frau Feil hat 8 500 € auf dem Sparkonto. Sie bekommt 2,5 % Zinsen. Sie will das Geld günstiger anlegen. Der Betrag würde bei zweijähriger Kündigungsfrist jährlich 552,50 €, bei vierjähriger Kündigungsfrist 658,75 € Zinsertrag bringen. Wie hoch ist jeweils der Zinssatz?

6. Eine Firma muss einen kurzfristigen Kredit in Höhe von 36 000 € aufnehmen. Sie zahlt ihn nach 8 Monaten mit 3 420 € Zinsen zurück. Wie hoch wurde der Kredit verzinst?

7. Landwirt Derlin bekommt für den Umbau des Kuhstalls ein verbilligtes Darlehen von 45 000 €. Er zahlt halbjährlich 1 237,50 € Zinsen. Zu welchem Zinssatz hat er das Darlehen bekommen?

8. Frau Gerhard zahlt nach 210 Tagen einen Kredit von 7 000 € und die Zinsen zurück. Sie überweist 7 428,75 €. Wie hoch ist der Zinssatz?

Kapital: 24 000 €
Zinsen für 10 Mon.: 1 900 €

Rechnung:

Zinsen für 1 Jahr: $\frac{1\,900 \cdot 12}{10}$

$= 2\,280$ $\underline{2\,280\ €}$

Zinssatz: $\frac{2\,280}{24\,000} = 0{,}095$

$= \underline{\underline{9{,}5\ \%}}$

9. Berechne den Zinssatz. Die Ergebnisse stehen in den Kästchen.

Kapital	2 400 €	6 000 €	7 200 €	7 200 €	8 400 €	25 000 €
Zeit	3 Mon.	62 Tage	7 Mon.	359 Tage	5 Mon.	90 Tage
Zinssatz	18 €	93 €	399 €	718 €	542,50 €	525 €

3 % | 8,4 % | 9 % | 9,5 % | 10 % | 15,5 %

6.3 Kapital berechnen

1. Frau Kleemann möchte so viel sparen, dass sie im Alter monatlich 400 € Zinsen bekommt. Wie hoch müsste das Kapital bei einer Verzinsung von 8 % sein?

Kapital □ €	100 %
Zinsen pro Jahr 4 800 €	Zinssatz 8 %

2. Für ein Darlehen zahlt Herr Duwe jährlich 2 430 € Zinsen. Der Zinssatz beträgt 9 %. Welchen Betrag hat Herr Duwe aufgenommen?

3. Für einen Kredit mit einer Laufzeit von 6 Monaten zahlt Frau Schwarz bei einem Zinssatz von 12 % 240 € Zinsen. Wie viel Geld hat Frau Schwarz geliehen?

4. Wer sein Konto überzieht, muss für den Überziehungskredit hohe Zinsen zahlen. Herr Kernspecht findet auf seinem Kontoauszug Überziehungszinsen für 20 Tage in Höhe von 4,20 € ausgedruckt. Er zahlte 14 % Zinsen. Um wie viel Euro hat Herr Kernspecht sein Konto überzogen?

5. Berechne das Kapital. Die Ergebnisse stehen in den Kästchen.

Zeit	6 Mon.	7 Mon.	9 Mon.	7 Mon.	100 Tage	300 Tage
Zinsen	420 €	490 €	630 €	241,50 €	25,00 €	472,50 €
Zinssatz	5 %	6 %	7 %	4,5 %	2,5 %	5,25 %

3 600 € | 9 200 € | 10 800 € | 12 000 € | 14 000 € | 16 800 €

6.4 Zinseszins berechnen

6. Wenn ein Kapital von 8 500 € bei 7 % ein Jahr verzinst wird, ergibt die Summe aus Kapital und Zinssatz 107 % (= 1,07) des Anfangskapitals. Berechne das Endkapital.

7. Berechne unmittelbar das Endkapital für ein Jahr. Anfangskapital: 7 500 €; Zinssatz: 7% (13 %, 4,5 %)

Kapital 8 500 €	100 % = 1,00
Zinsen pro Jahr □ €	7 % = 0,07
Endkapital □ €	107 % = 1,07

8. Herr Lohmann legt ein Kapital von 10 000 € für 4 Jahre fest. Es wird mit 8 % verzinst. Wie hoch ist das Endkapital zum Auszahlungstermin?

Kapital 10 000 €	Guthaben n. 1 Jahr 10 000 · 1,08 = 10 800	Guthaben n. 2 Jahren 10 800 · 1,08 = 11 664	Guthaben n. 3 Jahren 11 664 · 1,08 = □	Guthaben □ · 1,08 =

9. Frau Lampe will 5 000 € für 4 Jahre bei 7 % Zinsen fest anlegen. Sie rechnet aus, wie hoch das Endkapital ist. Runde auf Cent.
Eingabe in den Taschenrechner: 5 000 · 1,07 · 1,07 · 1,07 · 1,07 = □.
Was bedeutet 1,07 als Prozentsatz?

6.5 Sachaufgaben zur Zinsrechnung

1. Frau Bernhard legt auf einem Super – Sparkassenbuch 5 000 € an. Wie viel Zinsen bekommt sie nach einem Jahr?

2. Frau Bernhard lässt das Geld 2 Jahre stehen. Wie viel Geld bekommt sie ausgezahlt? Denke daran: Die jährlichen Zinsen werden auch verzinst!

3. Herr Horn richtet für 3 000 € ein Sparbuch mit dem Exklusiv – Sparen ein. Er lässt das Geld ein Jahr stehen und zahlt wieder 3 000 € ein. Wie viel Zinsen bekommt er nach dem zweiten Jahr?

Aktuelle Sparkassen-Information

1. Anlagekonto – Plus	Mindesteinlage	2 500,00 €
Zinssatz:	1. Jahr	2,75 % p.a.[1]
	2. Jahr	3,00 % p.a.
	3. Jahr	3,25 % p.a.
	4. Jahr	3,75 % p.a.
	5. Jahr	4,25 % p.a.
2. Super – Sparkassenbuch	Mindesteinlage	5 000,00 €
Zinssatz	1 Jahr	3,20 % p.a.
	2 Jahr	3,35 % p.a.
	3 Jahr	3,65 % p.a.
3. Exklusiv – Sparen		
unter €	2 500,–	0,75 % p.a.
ab €	2 500,–	1,75 % p.a.
ab €	12 500,–	2,00 % p.a.
ab €	25 000,–	2,50 % p.a.
ab €	100 000,–	2,75 % p.a.

[1] p. a. heißt per anno = pro Jahr

4. Frau Keller kann 7 500 € für 3 Jahre anlegen. Welche Anlage ist am günstigsten?

5. Frau Weise hat 1 400 € auf dem Girokonto. Sie hebt 2 000 € ab. Für den überzogen Betrag berechnet die Bank 17 % p.a. Nach einem Monat kann sie den Betrag zurückzahlen. Wie viel Euro betragen die Zinsen?

6. Herr Klamm nimmt einen Dispositionskredit (Verfügungskredit auf dem Girokonto ohne Antrag) von 1 200 € zu 12,5 % in Anspruch. Er zahlt ihn nach 125 Tagen zurück.

7. Berechne die Zinsen für den Überziehungsbetrag. Zinssatz p.a. 18,75 %. Runde auf Cent.

Betrag	780 €	98 €	987 €	640 €	3 538 €	1 810 €
Zeit	19 Tage	9 Tage	25 Tage	21 Tage	16 Tage	25 Tage

0,46 € | 7,00 € | 7,72 € | 12,85 € | 23,57 € | 29,48 €

8. Sabrina hat 300 € auf ein Exklusiv – Sparbuch gelegt. Sie spart jeden Monat 20 €. Sie zahlt das ganze gesparte Geld am Jahresanfang des folgenden Jahres ein. Sie rechnet sich aus, wie viel Geld sie am Ende der 2 Jahre auf dem Konto hat. Zinseszinsen!

9. Ein Sparguthaben von 2 700 € brachte in 120 Tagen 45 €. Berechne den Zinssatz p.a.

10. Herr Rathmann hatte im letzten Monat sein Girokonto für 22 Tage mit einem Betrag von 792 € überzogen. Für den Überziehungsbetrag musste er 8,47 € Zinsen zahlen. Berechne den Zinssatz.

7 Gleichungen

7.1 Umformen und Lösen von Gleichungen

In den Beispielgleichungen findest du Zahlen und Zeichen, die den Platz für unbekannte Zahlen einnehmen. Sie heißen Platzhalter. Ohne die Gleichungen umzuformen, erkennst du sofort, welche Zahl du für den Platzhalter einsetzen kannst.

$17 + 15 = \square$
$16 : x = 8$
$3 \cdot a = 12$
$12 - y = 9$

Ordne und fasse zusammen.

1. $3x + 9 - 2x + 3$
$6x - 7 + 13 + x$
$14 + x - 11 + x$

2. $12x + 14 - 3x + 9 - x$
$20a + 26 - 9a + 9 - a$
$43b - 13 + 2b - 8 - b$

3. $4{,}8y + 1{,}3 + 1{,}2y - 1{,}4$
$43{,}1 - 6y - 127 + 9y$
$26x - 3{,}5 + 4{,}7 + 4x$

4. Wenn du 37 zu einer Zahl addierst, erhältst du 72. Rechne wie im Beispiel (1).

5. Wenn du 12 von einer Zahl subtrahierst, erhältst du 74. Rechne wie im Beispiel (2).

(1)
$x + 25 = 51 \quad | -25$
$x + 25 - 25 = 51 - 25$
$\underline{\underline{x = 26}}$
Probe: $26 + 25 = 51$
$51 = 51$

(2)
$x - 12 = 44 \quad | +12$
$x - 12 + 12 = 44 + 12$
$\underline{\underline{x = 56}}$
Probe: $56 - 12 = 44$
$44 = 44$

6. Wenn du 38,9 von einer Zahl subtrahierst, erhältst du 73,7.

7. $x + 3{,}6 = 6{,}8$
$x - 3{,}6 = 6{,}8$
$x + 3{,}6 = 8{,}6$
$x - 3{,}6 = 8{,}6$

8. $x + 2{,}7 = 6{,}3$
$x - 6{,}3 = 2{,}7$
$x + 2{,}7 = 3{,}6$
$x - 2{,}7 = 3{,}6$

9. $x + 4{,}8 = 13{,}6$
$x - 3{,}6 = 25{,}7$
$x - 7{,}4 = 14{,}5$
$x + 7{,}4 = 14{,}5$

10. $x + \frac{1}{2} = \frac{5}{6}$
$x - \frac{2}{3} = \frac{2}{5}$
$x + \frac{3}{4} = \frac{7}{8}$

(3)
$56 + x = 83 \quad | -56$
$56 - 56 + x = 83 - 56$
$\underline{\underline{x = 27}}$
Probe: $56 + 27 = 83$
$83 = 83$

(4)
$23 - x = 15 \quad | +x$
$23 - x + x = 15 + x$
$23 = 15 + x \quad | -15$
$\underline{\underline{8 = x}}$
Probe: $23 - 8 = 15$
$15 = 15$

11. $56 + x = 83$
$23 - x = 15$
$38 - x = 12$

12. $3x + 12 - 2x = 47$
$4x + 29 - 5x = 0$
$8x - 19 - 7x = 58$

13. $5 + 3x + 9 - 2x = x + 25 - x$
$8 + x - 4 - x = 6x + 9 - 7x$
$7 + 4x - 3x - 1 = x + 17 - x$

14. $9 - (6 - x) = 10$
$8 + (3 + x) = 15$

15. $18 - (x - 4) = 17$
$39 - (x + 7) = 26$

16. $8 - (4 - x) = x + (5 - x)$
$9 + (3 - x) = x - (x - 2)$

$3x = 27 \quad | :3$
$3 \cdot x : 3 = 27 : 3$
$\underline{\underline{x = 9}}$
Probe: $3 \cdot 9 = 27$
$27 = 27$

$x : 7 = 16 \quad | \cdot 7$
$x : 7 \cdot 7 = 16 \cdot 7$
$\underline{\underline{x = 112}}$
Probe: $112 : 7 = 16$
$16 = 16$

$\frac{48}{x} = 16 \quad | \cdot x$
$48 : x \cdot x = 16 \cdot x$
$48 = 16x \quad | :16$
$\underline{\underline{3 = x}}$
Probe: $\frac{48}{3} = 16$

1. $3x = 27$; $7x = 49$; $8x = 64$; $9x = 18$

2. $48 = 6x$; $70 = 7x$; $36 = 4x$; $81 = 9x$

3. $1{,}5x = 4{,}5$; $2{,}6x = 5{,}2$; $0{,}3x = 1{,}5$; $0{,}5x = 7{,}5$

4. $48{,}4 = 12{,}1x$; $31{,}5 = 10{,}5x$; $81{,}5 = 16{,}3x$; $56{,}8 = 14{,}2x$

5. $\frac{1}{3}x = 3$; $\frac{1}{5}x = 7$; $\frac{2}{3}x = 2$

6. Auf dem Sportplatz sind 1 800 Zuschauer. Es sind dreimal so viele wie vor einer Woche. Wie viele waren es? Stelle eine Gleichung auf und löse sie.

7. $x : 7 = 16$; $x : 9 = 15$; $x : 8 = 17$; $x : 9 = 12$

8. $15 = x : 8$; $25 = x : 4$; $36 = x : 9$; $72 = x : 2$

9. $x : 3{,}5 = 2$; $x : 4{,}2 = 5$; $x : 1{,}8 = 5$; $x : 2{,}5 = 4$

10. $16 = x : 1{,}5$; $35 = x : 0{,}2$; $25 = x : 0{,}4$; $15 = x : 2{,}6$

11. $x : \frac{1}{5} = 5$; $x : \frac{3}{7} = 7$; $x : \frac{7}{8} = 8$

12. $\frac{48}{x} = 16$; $\frac{56}{x} = 14$; $\frac{72}{x} = 24$

13. $15 = \frac{45}{x}$; $20 = \frac{60}{x}$; $13 = \frac{39}{x}$

14. $\frac{7x}{3} = 7$; $\frac{3x}{8} = 9$; $\frac{2x}{5} = 8$

15. $8 = \frac{8x}{3}$; $6 = \frac{2x}{3}$; $3 = \frac{3x}{8}$

16. $\frac{4x}{3} = 12$; $\frac{7x}{2} = 21$; $\frac{8x}{9} = 72$

$4x + 5 = 13 \quad | -5$
$4x = 8 \quad | :4$
$\underline{\underline{x = 2}}$
Probe: $4 \cdot 2 + 5 = 13$
$13 = 13$

$\frac{x}{3} + 8 = 17 \quad | -8$
$\frac{x}{3} = 9 \quad | \cdot 3$
$\underline{\underline{x = 27}}$
Probe: $\frac{27}{3} + 8 = 17$
$17 = 17$

$2x = 6x - 32 \quad | +32$
$2x + 32 = 6x \quad | -2x$
$32 = 4x \quad | :4$
$\underline{\underline{8 = x}}$
Probe: $2 \cdot 8 = 6 \cdot 8 - 32$
$16 = 16$

17. $4x + 5 = 13$; $3x + 7 = 28$; $8x - 2 = 54$; $5x - 9 = 46$

18. $\frac{x}{3} + 8 = 17$; $\frac{x}{7} + 3 = 11$; $9 + \frac{x}{4} = 18$

19. $2x = 6x - 32$; $4x = 2x + 20$; $4x = 7x - 36$; $5x = 2x + 15$

20. $\frac{35}{x} + 8 = 15$; $\frac{48}{x} + 9 = 25$; $\frac{64}{x} + 7 = 11$

21. $3 \cdot (x + 5) = 27$; $6 \cdot (x + 4) = 72$; $9 \cdot (x - 3) = 18$; $5 \cdot (x - 2) = 25$

22. $4 \cdot (2x + 1) = 28$; $5 \cdot (8x + 4) = 60$; $7 \cdot (3x + 2) = 56$; $6 \cdot (2x + 8) = 96$

23. $9 - (6 - x) = 8 - (x - 5)$; $8 - (7 - 3x) = 7 + (8 + x)$; $9 - (2 - 2x) = 6 + (3x - 4)$; $6 - (1 - 4x) = 9 + (2x - 2)$

24. Ein Radweg ist auf einer Länge von 700 m fertiggestellt. Das ist ein Fünftel des gesamten Weges. Wie lang wird der Weg? Stelle die Gleichung auf und löse sie.

7.2 Rechnen mit Formeln

Geometrie

1. Ein Dreieck hat eine Fläche von 15 cm². Seine Grundseite ist 5 cm lang. Wie lang ist die Höhe? Schreibe wie im Beispiel.

2. Der Flächeninhalt eines Dreiecks ist 24,38 cm² groß. Die Höhe ist 4,6 cm lang. Berechne die Seite g. Setze die Zahlen in die Formel ein und löse die Gleichung durch Umformen.

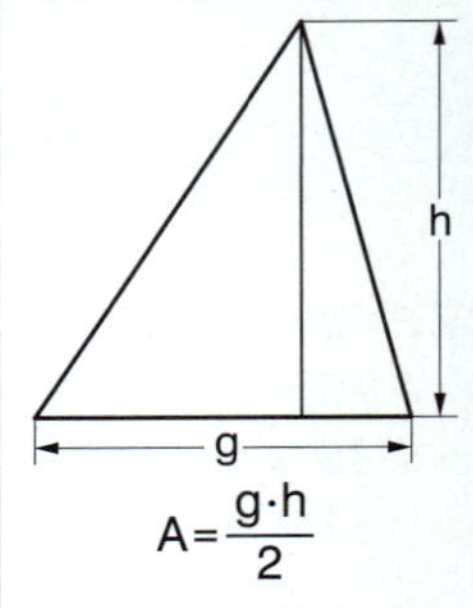

$15 = \frac{5 \cdot h}{2} \quad | \cdot 2$

$30 = 5 \cdot h \quad | : 5$

$\underline{\underline{6 = h}}$

Probe: $15 = \frac{5 \cdot 6}{2}$

$15 = 15$

3. Familie Beutenmüller will ein Einfamilienhaus bauen. Sie kauft am Stadtrand ein Grundstück. Der rechteckige Bauplatz ist 450 m² groß. Zur Straßenseite ist er 18 m lang. Wie lang ist die andere Seite?

4. Der Zaun einer rechteckigen Wiese ist 244 m lang. Die Wiese ist 68 m lang. Breite?

5. Die Fläche eines Trapezes beträgt 27 cm². Die Seite a ist 5 cm, die Höhe ist 6 cm lang. Wie lang ist die Seite c?

6. Ein Rechteck hat einen Umfang von 120 cm. Die Länge des Rechtecks ist doppelt so groß wie die Breite. Wie lang sind die Seiten des Rechtecks?

7. Ein Kreis hat einen Umfang von 21,98 m. Wie groß ist sein Durchmesser?

8. Eine Konservendose fasst 785 cm³. Der Radius des Kreises ist 5 cm lang. Wie hoch ist die Dose?

9. Ein Zylinder mit einem Volumen von 753,6 cm³ hat eine Höhe von 15 cm. Berechne den Radius des Zylinders.

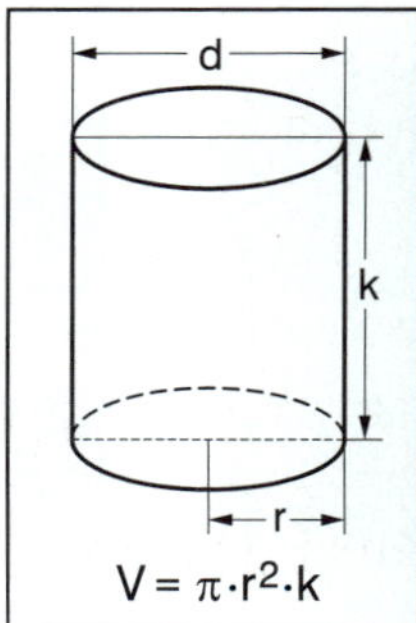

$785 = 3{,}14 \cdot 25 \cdot k$

$785 = 78{,}5 \cdot k \quad | : 78{,}5$

$\underline{\underline{10 = k}}$

Probe:
$785 = 3{,}14 \cdot 25 \cdot 10$
$785 = 785$

10. Ein Quader mit einem Volumen von 2 457 cm³ ist 22,5 cm lang und 15,6 cm breit. Wie hoch ist der Quader?

11. Eine Dreiecksäule ist 6,5 cm hoch. Sie hat ein Volumen von 78 cm³. Die Seite g der Grundfläche ist 4,8 cm lang. Wie lang ist die Dreieckshöhe?

12. Eine Rechteckpyramide hat ein Volumen von 78 cm³. Die Seite a ist 7,2 cm, die Seite b ist 5 cm lang. Wie hoch ist die Pyramide?

13. Ein Kegel mit einem Volumen von 471 cm³ hat eine Körperhöhe von 18 cm.

Prozentrechnung

Grundwert: G	Prozentsatz: $p\% = \frac{p}{100}$	Prozentwert: P	Formel: $P = G \cdot \frac{p}{100}$

1. In der Waldschule sind 420 Schülerinnen und Schüler. 49 % der Kinder sind Jungen. Setze die Zahlen in die Formel ein und rechne aus. Wie viele Jungen sind es? Runde.

2. Im letzten Schuljahr betrug der Anteil der 204 Mädchen 51 % aller Schülerinnen und Schüler. Wie groß war die Gesamtzahl? Setze die bekannten Zahlen in die Formel ein und löse die Gleichung durch Umformen.

3. Die Schule an der Bachstraße besuchen 360 Schülerinnen und Schüler. 175 von ihnen sind Mädchen. Wie viel Prozent sind es? Setze die Zahlen in die Formel ein und löse die Gleichung durch Umformen. Runde auf Prozent.

4.

Grundwert G	3 000 €	□ €	6 450 €	3 520 €	□ €
Prozentsatz $\frac{p}{100}$	6 %	7,5 %	□ %	3,8 %	10,5 %
Prozentwert P	□ €	337,50 €	335,40 €	□ €	976,50 €

5. Der Selbstkostenpreis für einen Wandschrank beträgt 501 €. Er wird für 577,50 € verkauft. Wie groß ist der Gewinn in Prozent?

Zinsrechnung

Kapital K	Zinssatz $p\% = \frac{p}{100}$	Zinsen Z	Zeit i	Formel $Z = K \cdot \frac{p}{100} \cdot i$

6. Eine Firma nimmt einen Kredit von 20 000 € zu einem Zinssatz von 11 % auf. Nach 8 Monaten ($\frac{8}{12}$ Jahr) zahlt sie den Kredit und die Zinsen zurück. Wie viel Euro betrugen die Zinsen? Setze die Zahlen in die Formel ein und rechne aus.

7. Frau Schmidt legt 2 700 € für 10 Monate fest und erhält am Ende der Frist 180 € Zinsen. Wie hoch war der Zinssatz?

8. Franziska hat 800 € auf dem Sparkonto. In welcher Zeit bringt der Betrag bei 2,5 % 10 € Zinsen? Rechne mit der Zinsformel.

9. Ergänze die fehlenden Zahlen. Rechne mit der Zinsformel.

Kapital K	5 800 €	28 000 €	□ €	7 920 €	4 920 €
Zinssatz $\frac{p}{100}$	4 %	□ %	8,5 %	4 %	7,75
Zeit i	$\frac{1}{2}$ Jahr	$\frac{3}{4}$ Jahr	7 Mon.	□ Jahr	149 Tage
Zinsen Z	□ €	1 575 €	267,75 €	237,60 €	□ €

8.1 Maßstab

(1)

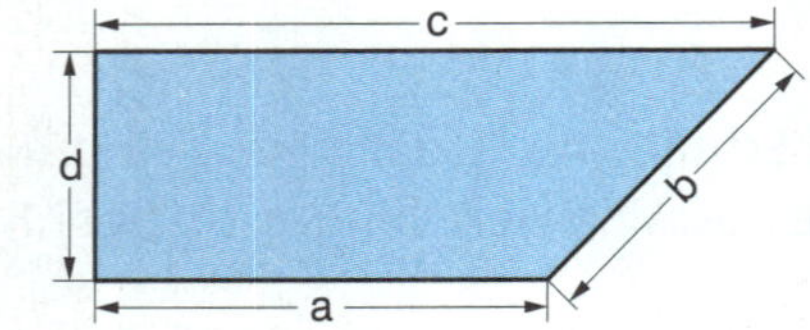

(2)

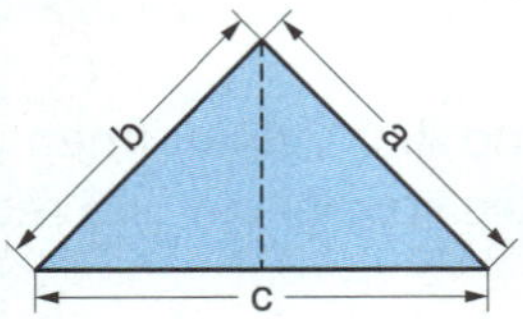

(3)

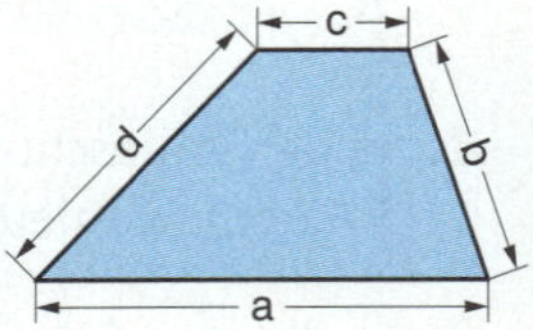

Der Maßstab von Karten oder Zeichnungen ist das Verhältnis der Längen in Zeichnungen zu Längen in der Wirklichkeit. Beispiel: Maßstab 1 : 1 000. Länge in der Zeichnung 1 cm, Länge in der Wirklichkeit 1 000 cm = 10 m.

1. Die Figuren in den Bildern (1) – (3) sind im Maßstab 1 : 100 gezeichnet. Übertrage die Figuren in dein Heft und schreibe an die Seiten die wirklichen Längen.

2. Wenn sich die Seitenlängen eines Quadrats (a = 6 cm) beim Maßstab 2 : 1 verdoppeln, verdoppelt sich dann auch die Fläche?

3. Die Figuren in den Bildern (1) – (3) sollst du im Verhältnis 2 : 1 zeichnen.

4. Ein Wanderer misst auf einer Karte im Maßstab 1 : 50 000 den Weg bis zur ersten Pause mit 15 cm ab. Wie lang ist der Weg in der Wirklichkeit? Schreibe und rechne wie im Beispiel.

> Maßstab 1 : 50 000
> 1 cm ≙ 50 000 cm = 500 m
> 7,5 cm ≙ 7,5 · 500 m
> = 3 750 m = 3,750 km

5. Berechne die wirklichen Entfernungen.

Maßstab	1 : 10 000	1 : 2 500	1 : 25 000	1 : 100 000	1 : 1 000 000
gemessene Entf.	7 cm	12 cm	23 cm	18 cm	12 cm

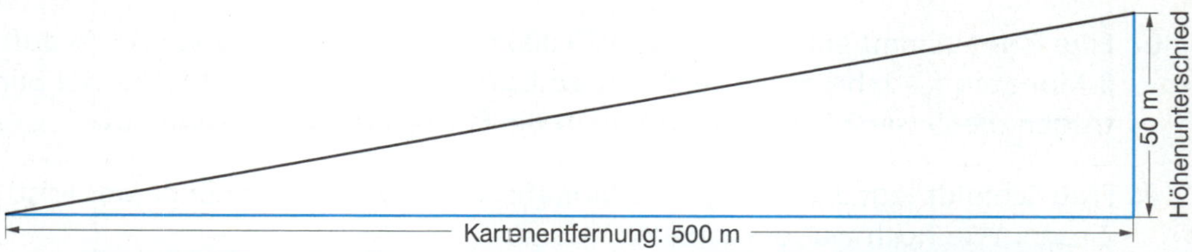

$$\text{Steigung} = \frac{\text{Höhenunterschied (h)}}{\text{Kartenentfernung (e)}}$$

$$\text{Steigung: } h : e = \frac{h}{e} = \frac{\square}{100} = \square\ \%$$

6. Die Kartenentfernung ist die Luftlinie, der tatsächliche Weg wird durch Steigung oder Gefälle länger. Um wie viel Meter ist der Wanderweg länger als die Kartenentfernung?

7. Berechne die Steigung in Prozent.

Kartenentfernung	600 m	1 200 m	3 000 m	790 m	4 500 m
Höhenunterschied	60 m	30 m	90 m	63 m	1 650 m

8.2 Verteilen und Mischen

1. In einem Mietshaus wohnen drei Familien. Sie haben zusammen 2 299,50 € für den Wasserverbrauch bezahlt. Die Kosten werden nach der Personenzahl (siehe Bild) auf die Familien verteilt. Wie hoch sind die Kosten pro Familie?

2. Zwei Geschäftspartner teilen sich den Gewinn im Verhältnis 3 : 4. Im letzten Jahr betrug er 131 460 €. In diesem Jahr erhielt der erste Geschäftspartner 60 339 €. Berechne für beide Jahre die Anteile.

3. Vater und Sohn sind zusammen 54 Jahre alt. Der Vater ist fünfmal so alt wie der Sohn. Wie alt ist jeder?

4. Zwei Kaffeesorten werden im Verhältnis 2 : 3 gemischt. Von der 1. Sorte nimmt der Kaffeeröster 25 kg. Wie viel kg nimmt er von der 2. Sorte?

5. Sebastian tankt für sein Mofa ein Kraftstoffgemisch aus Benzin (90,4 Cent pro Liter) und Öl (5,11 € pro Liter). Benzin und Öl sind im Verhältnis 50 : 1 gemischt. Wie viel Euro kostet 1 Liter Kraftstoffgemisch?

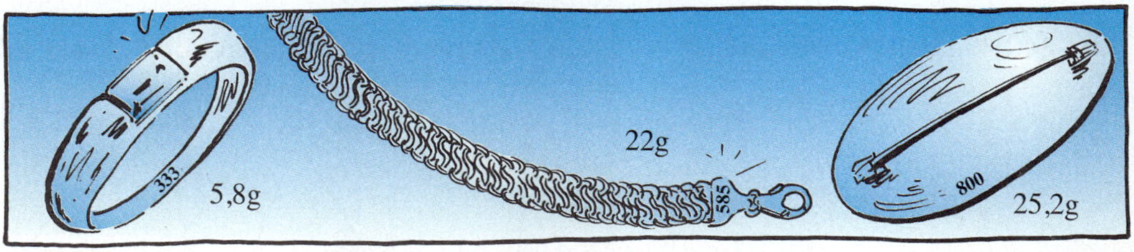

6. Den Feingehalt von Legierungen mit Edelmetallen kann man an Stempeln ablesen. Er gibt an, wie viel Tausendstel des Edelmetalls die Legierung enthält. Berechne den Goldgehalt der abgebildeten Schmuckstücke. Runde auf Zehntelgramm.

7. Eine silberne Schale wiegt 245 g. Sie trägt den Stempel 835. Silbergehalt?

8. Glockenbronze besteht zu 78 % aus Kupfer und 22 % aus Zinn. Die größte Glocke der Welt steht zersprungen im Moskauer Kreml. Sie wiegt 201 924 kg. Wie viel Tonnen Kupfer und Zinn benötigten die Glockengießer?

9. Vor dem 1. Weltkrieg gab es goldene 20-Mark-Stücke. Sie wogen 7,965 g und enthielten 7,169 g reines Gold. Berechne den Feingehalt in Tausendstel.

9.1 Grundkonstruktionen

(1)
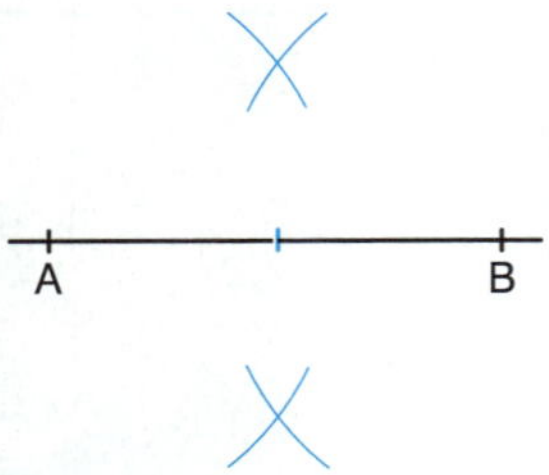

(2)
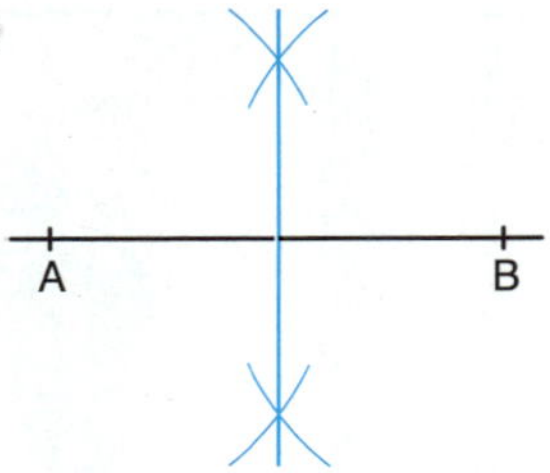

(3)
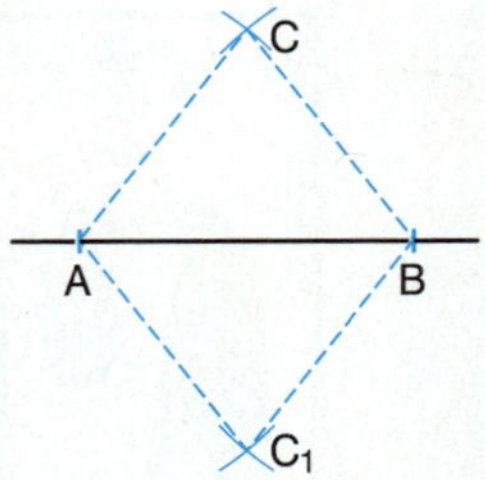

1. Halbiere die Strecke AB = 9 cm (6 cm, 7,5 cm) wie in Bild (1). Prüfe mit dem Lineal.

2. Konstruiere die Mittelsenkrechte wie in Bild (2). AB = 5 cm (7,3 cm, 9,8 cm). Prüfe mit dem Geodreieck.

3. Zeichne die Punkte C und C_1, die von den Punkten A und B 4 cm entfernt sind. Die Strecke AB ist 5 cm lang, Bild (3).

(4)
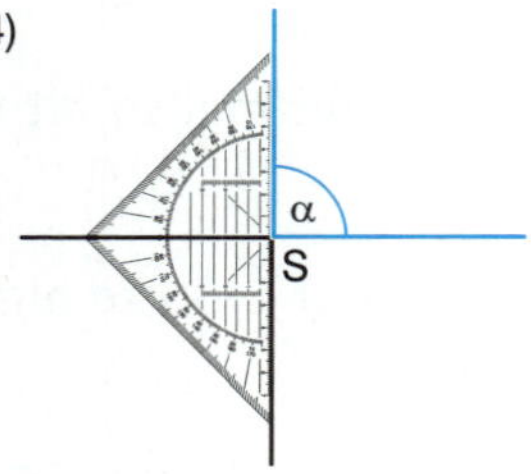

(5)
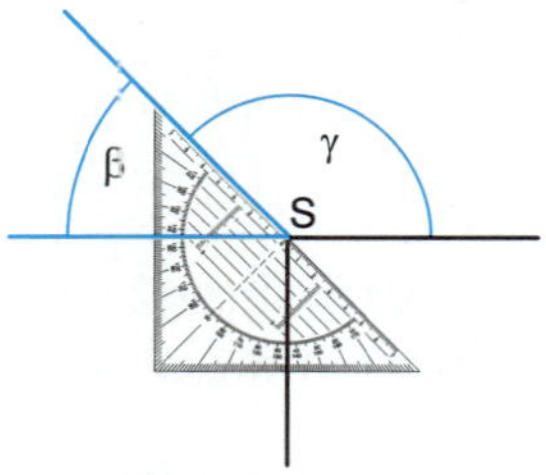

(6)
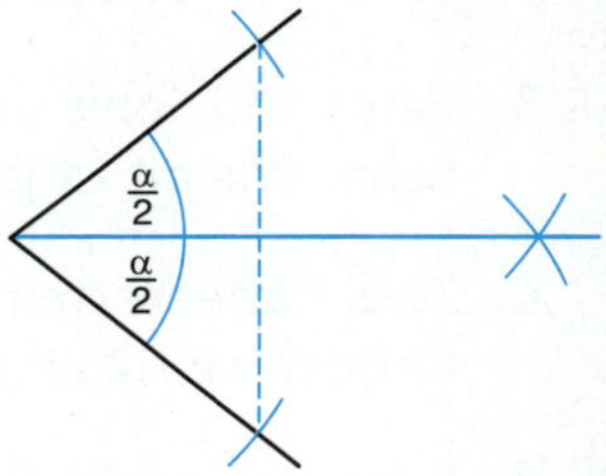

4. Zeichne eine Gerade und den Punkt S. Trage in S den Winkel $\alpha = 90°$ an, Bild (4).

5. Markiere auf einer Geraden den Punkt S. Trage den Winkel $\beta = 45°$ an, Bild (5).

6. Zeichne den Winkel $\alpha = 66°$ (87°, 120°). Halbiere ihn mit Zirkel und Lineal, Bild (6).

(7)
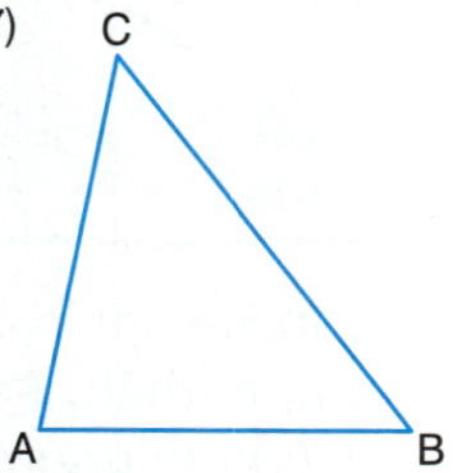

(8)
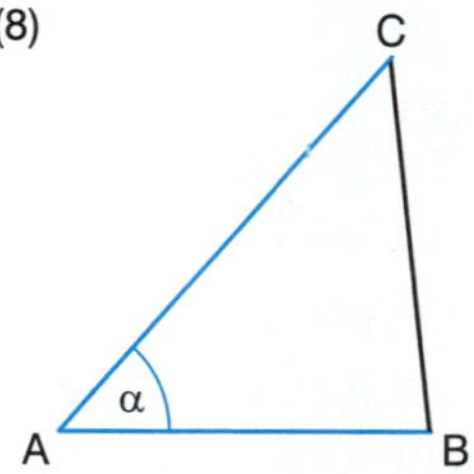

(9)
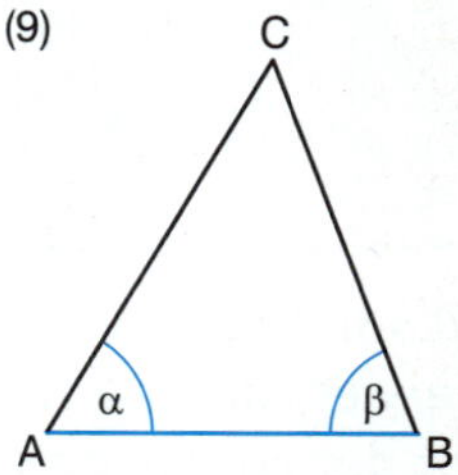

(10)
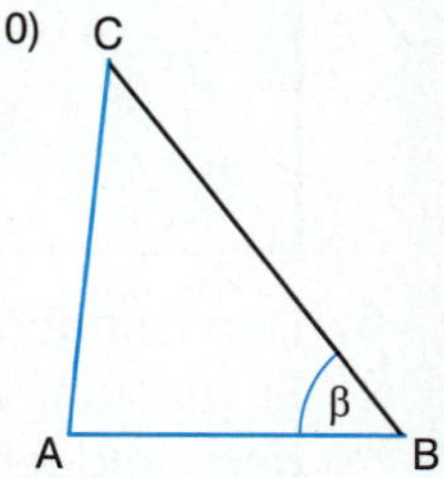

Konstruiere die folgenden Dreiecke. Die Bilder (7) bis (10) geben dir eine Hilfe. Zeichne in einer Skizze die gegebenen Stücke farbig ein, dann konstruiere.

7. a = 3,5 cm; b = 7,2 cm; c = 6,5 cm

8. $\alpha = 50°$; b = 7 cm; c = 6 cm

9. a = 6,5 cm; b = 6,5 cm; $\gamma = 60°$

10. c = 8,5 cm; $\alpha = 30°$; $\beta = 65°$

11. c = 4,9 cm; $\beta = 40°$; b = 5,2 cm

12. Die Strecke AB ist 4 cm lang, der Punkt C ist von A und B 6 cm entfernt. Konstruiere.

9.2 Satz des Pythagoras

(1)

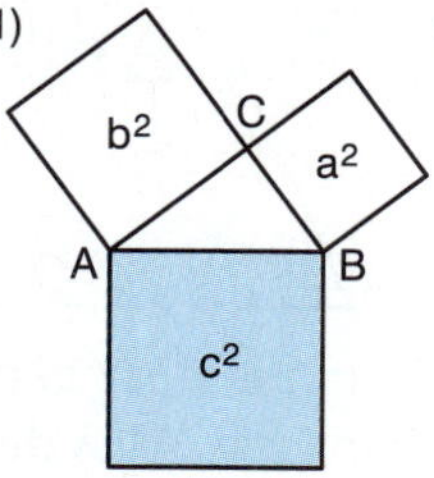

(2)

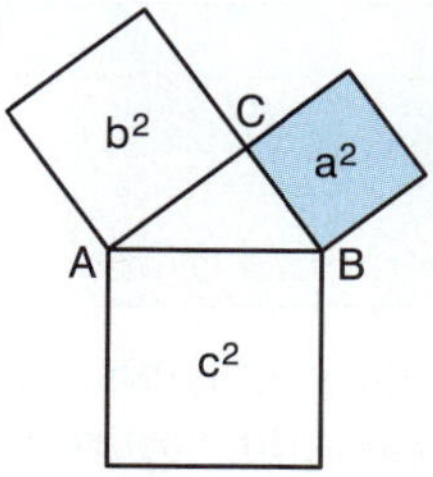

(3)

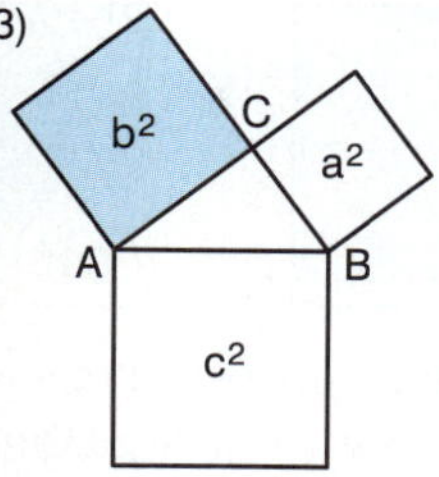

$$a^2 + b^2 = c^2$$
$$3{,}5^2 + 2{,}5^2 = c^2$$
$$12{,}25 + 6{,}25 = c^2$$
$$\sqrt{18{,}5} = \sqrt{c^2}$$
$$4{,}3 \approx c$$
c ist 4,3 cm lang.

1. In einem rechtwinkligen Dreieck hat die Seite a die Länge 3,5 cm. Die Seite b ist 2,5 cm lang. Wie lang ist die Seite c, Bild (1)? Rechne wie im Beispiel.

2. Die Kathete b ist 5,3 cm lang. Die Hypotenuse c hat die Länge 7,5 cm. Berechne die Länge der Kathete a, Bild (2). Löse die Gleichung durch Umformen.

3. Die Hypotenuse ist 6,1 cm, die Kathete a ist 4,2 cm lang. Kathete b, Bild (3)?

Berechne die Länge der dritten Seite des rechtwinkligen Dreiecks. Runde auf mm.

4. a = 13 cm, b = 16 cm **5.** a = 7 cm, b = 8 cm **6.** a = 6,1 cm, c = 9,5 cm **7.** b = 4,5 cm, c = 8,1 cm **8.** a = 7,4 cm, c = 12,3 cm

(4)

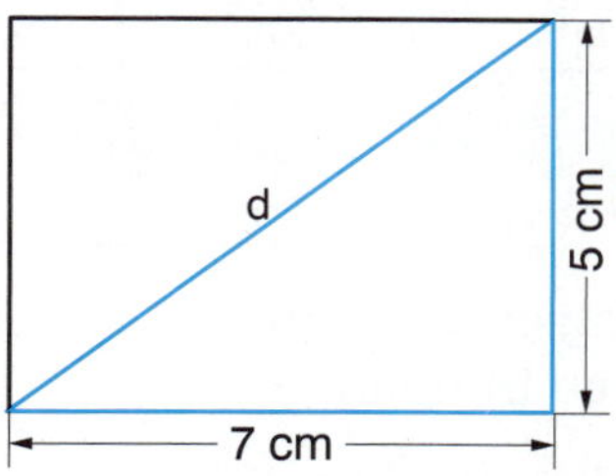

(5)

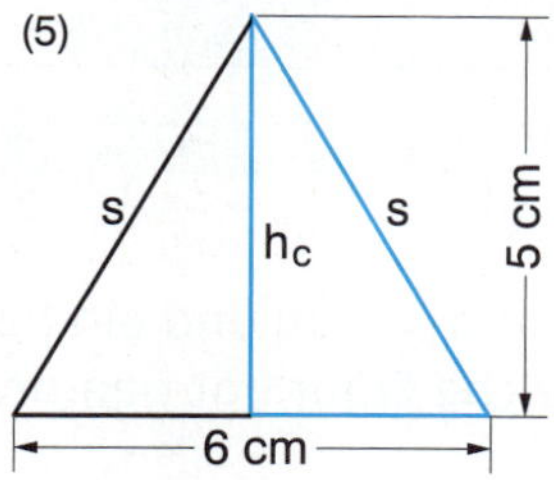

(6)

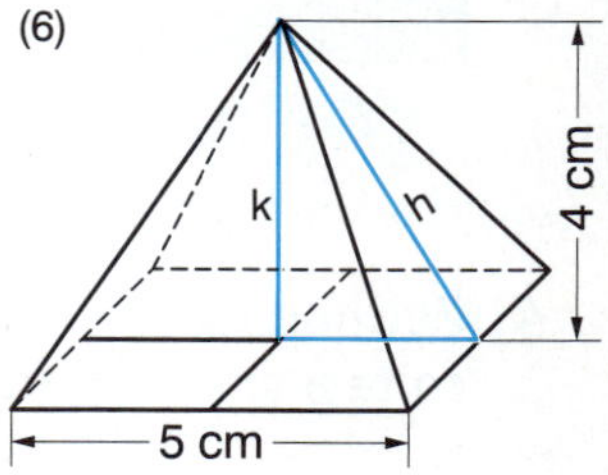

9. Wie lang ist die Diagonale des Rechtecks, Bild (4)? Runde auf Millimeter.

10. Wie lang sind die Seiten des Dreiecks, Bild (5)? Runde auf Millimeter.

11. Zeichne ein Rechteck (a = 7,4 cm, b = 3,9 cm) mit seinen Diagonalen. Miss zuerst ihre Länge, dann berechne sie. Runde auf Millimeter.

12. Berechne die Höhe h der Seitenfläche der Pyramide, Bild (6).

(7)

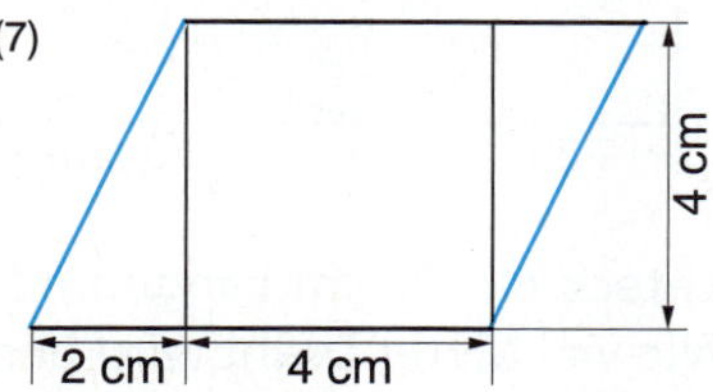

(8)

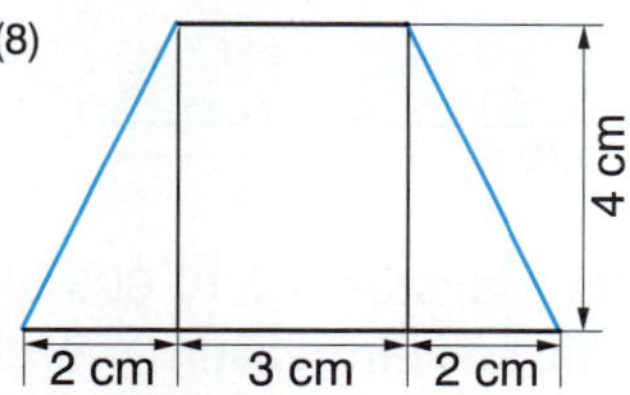

(9)

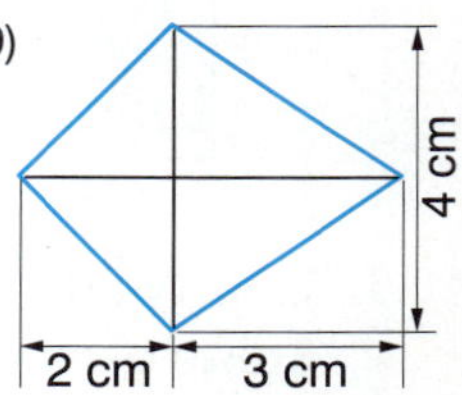

13. Berechne bei jeder Figur in den Bildern (7) bis (9) die Länge der blau eingezeichneten Seiten. Runde auf Millimeter. Wie groß ist der Umfang jeder Figur?

9.3 Vierecke

(1)

(2)

(3)
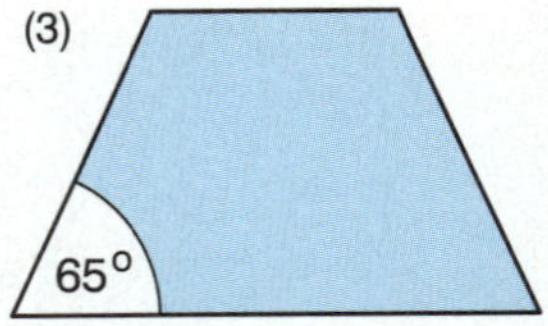

1. Die Grundseiten der Figuren in den Bildern (1) bis (3) haben alle eine Länge von 7 cm, die Höhen sind 4 cm lang. Übertrage die Figuren in dein Heft. Miss die Länge der fehlenden Seiten. Berechne Fläche und Umfang.

2. Verwandle das Rechteck mit a = 7,5 cm und b = 4 cm in zwei verschiedene flächengleiche Parallelogramme mit α = 48° und α_1 = 30°. Die Grundseite der Parallelogramme ist 7,5 cm, Bild (1) und (2).

3. Berechne die fehlenden Zahlen.

Rechteck	a	b	c	d	e
Länge	19 m	7,5 cm	□ m	11,2 m	□ dm
Breite	4,5 m	□ cm	14 m	□ m	5,5 dm
Umfang	□ m	49,4 cm	37,26 m	33 m	56 dm
Fläche	□ m^2	□ cm^2	□ m^2	□ m^2	□ dm^2

4,63	5,3	17,2	22,5	47	59,36	64,82	85,5	123,75	129

4. Zeichne ein Quadrat mit a = 6 cm und ein flächengleiches Rechteck, dessen Grundseite 8 cm lang ist. Welche Figur hat den größeren Umfang?

5. Zeichne das Trapez, Bild (4), in dein Heft. Wie groß ist seine gesamte Fläche? Wie groß ist die Fläche der Teilstücke? Berechne den Umfang der Gesamtfigur mithilfe des Satzes des Pythagoras.

6. Wie groß ist der Flächeninhalt und der Umfang des Drachens, Bild (5)?

(4)
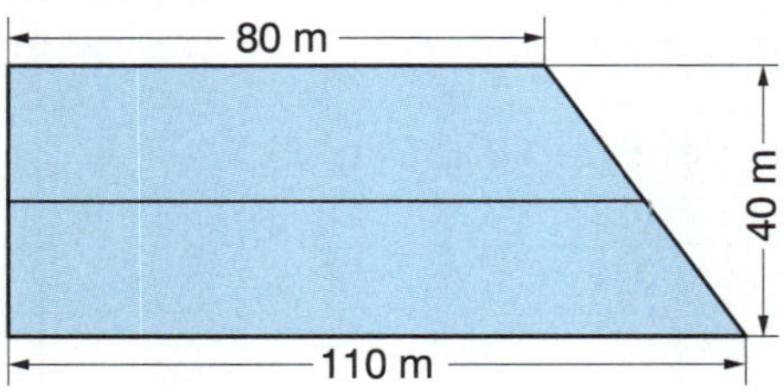

(5)
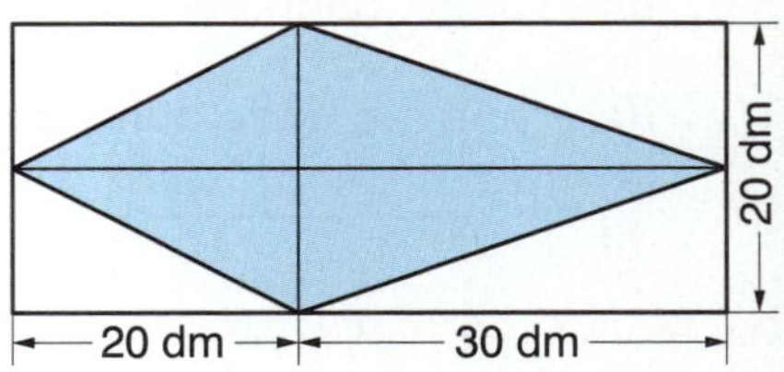

7. Eine Weide wird im Maßstab 1 : 10 000 als Rechteck mit 20 cm Länge und 15 cm Breite gezeichnet. Sie soll eingezäunt werden. Wie viel Meter Draht wird benötigt?

Quadrat	$A = a^2$	$u = 4 \cdot a$	Rechteck	$A = a \cdot b$	$u = 2 \cdot (a + b)$
Parallelogramm	$A = g \cdot h$	$u = 2 \cdot (a + b)$	Trapez	$A = \frac{a + c}{2} \cdot h$	$u = a + b + c + d$

9.4 Dreiecke

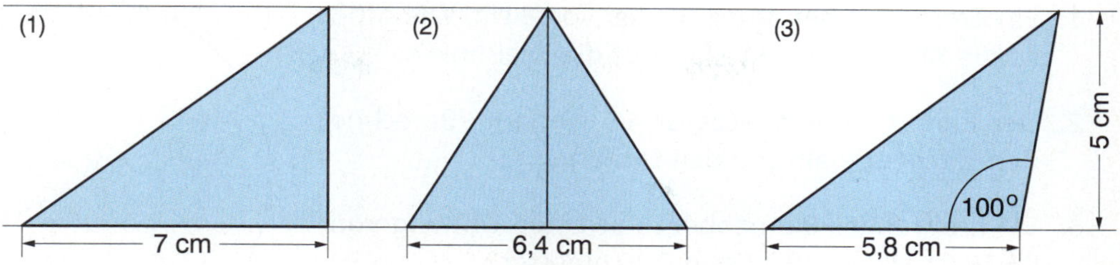

1. Konstruiere die Dreiecke mit den angegebenen Maßen. Berechne die Flächeninhalte.

2. Zeichne das Dreieck mit a = 5 cm, b = 3 cm, c = 6 cm. Verwandle es in ein gleichschenkliges Dreieck mit gleichem Flächeninhalt.

Hier sind einige Flächeninhalte falsch berechnet. Welche sind es?

3.

Dreieck	a	b	c
Seite c	8 cm	2,7 cm	12,3 m
Höhe h_c	6 cm	0,8 m	16,4 m
Fläche A	24 cm^2	1,08 m^2	100,8 m^2

4.

Dreieck	a	b	c
Seite c	7,84 m	13,4 dm	19,07 m
Höhe h_c	3,04 m	8,5 dm	8,34 m
Fläche A	10,72 m^2	56,95 dm^2	159,04 m^2

5. In einem Dreieck ist die Seite a 7,5 cm und die Seite b 7,5 cm lang. Sein Umfang beträgt 23 cm. Zeichne das Dreieck und berechne die Fläche.

6. Konstruiere das Dreieck aus a = 4,8 cm, b = 3,6 cm und $\gamma = 90°$. Miss die Länge der Grundseite und berechne sie zur Kontrolle.

7. Ein gleichschenkliges Dreieck hat einen Flächeninhalt von 8,1 cm^2 und eine Grundseite von 4,5 cm Länge. Zeichne zuerst eine Skizze, dann berechne die Länge der Höhe h_c und den Umfang.

8. Berechne die fehlenden Zahlen.

Dreieck	a	b	c	d	e	f	g
Seite c	7 cm	1,6 m	□ cm	4,9 cm	□ m	9 cm	□ cm
Höhe h_c	□ cm	□ m	1,2 cm	□ cm	6,4 m	□ cm	4,4 cm
Fläche A	21 cm^2	0,56 m^2	1,26 cm^2	6,86 cm^2	34,88 m^2	28,8 cm^2	21,78 cm^2

0,7 | 2,1 | 2,8 | 6 | 6,4 | 9,9 | 10,9

9. Ein dreieckiges Grundstück hat die Seiten a = 320 m, b = 240 m und c = 400 m. Wie viel Hektar ist das Grundstück groß? Zeichne im Maßstab 1 : 5 000.

Dreieck	$A = \frac{g \cdot h}{2}$ (g = c)	u = a + b + c

9.5 Kreis

(1)

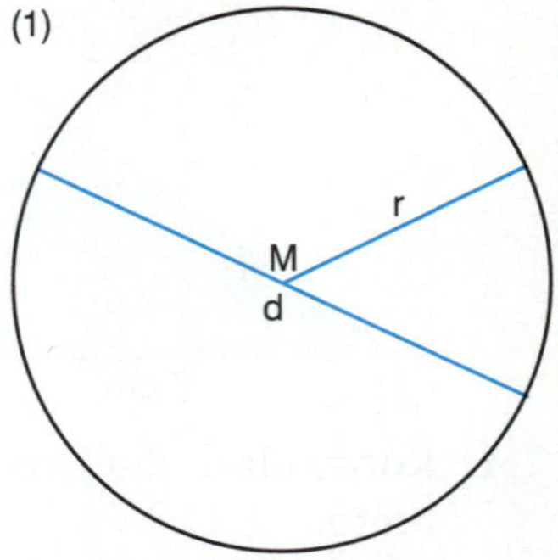

1. Ein Kreis hat einen Durchmesser von 8 cm. Wie groß ist die Kreisfläche? Wie lang ist die Kreislinie?

2. Der Radius eines Kreises ist 4,5 cm lang. Berechne den Flächeninhalt und den Umfang.

3. Ein kreisrundes Blumenbeet hat einen Umfang von 28,26 m. Wie groß ist sein Durchmesser?

4. Ein kreisrundes Planschbecken hat eine Wasserfläche von 50,24 m^2. Wie groß ist sein Durchmesser?

5. Vier Schüler umfassen einen alten Baum so, dass sich nur ihre Fingerspitzen berühren. Jeder hat eine Spannweite von 1,50 m. Welchen Durchmesser hat der Baum?

6. Frau Lehmann möchte auf den Rand eines kreisrundes Beetes 33 (36) Stiefmütterchen im Abstand von 20 cm (15 cm) setzen. Welchen Durchmesser muss sie jeweils für das Beet wählen?

(2)

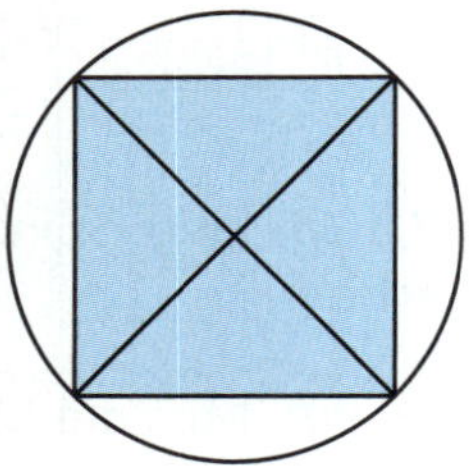

(3)

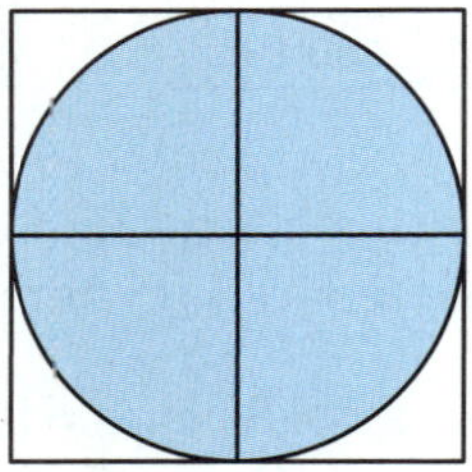

(4)

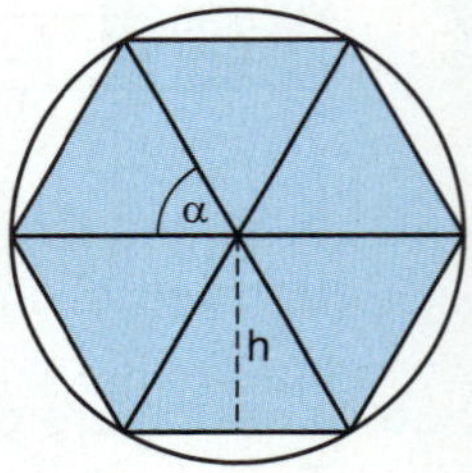

7. Zeichne ein Quadrat (a = 4 cm) mit dem Umkreis wie in Bild (2). Wie lang ist sein Radius in mm?

8. Zeichne einen Kreis (r = 2 cm) in ein Quadrat wie in Bild (3). Wie viel Prozent der Fläche des Quadrates nimmt die Kreisfläche ein?

9. In einen Kreis (r = 3 cm) ist ein regelmäßiges Sechseck eingezeichnet wie in Bild (4). Zeichne und berechne den Unterschied der Flächen in Prozent.

10. Berechne die fehlenden Zahlen.

Kreis	a	b	c	d	e	f	g
Radius	0,25 m	17,45 m	1,5 m	4,1 m	□ m	□ m	□ m
Umfang	□ m	□ m	□ m	□ m	18,84 m	37,68 m	6,28 m
Fläche	□ m^2	□ m^2	□ m^2	□ m^2	□ m^2	□ m^2	□ m^2

Kreis	$A = \pi \cdot r^2$	$u = 2 \cdot \pi \cdot r$	oder	$A = \pi \cdot \frac{d^2}{4}$	$u = \pi \cdot d$	($\pi = 3{,}14$)

9.6 Kreisausschnitt und Kreisring

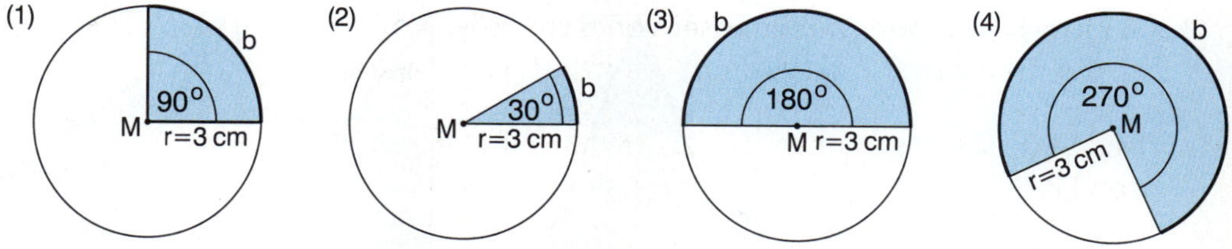

1. Zeichne die Figuren in den Bildern (1) bis (4). Welche Linien begrenzen die Kreisausschnitte?

2. Die Kreisausschnitte sind Teile des Kreises. Bestimme den Bruchteil. Berechne die Fläche und die Länge des Kreisbogens.

3.

Kreisausschnitt	a	b	c	d	e	f
Radius	5 cm	2 m	6 dm	9,8 cm	3,9 m	8,4 m
Mittelpunktswinkel	45°	60°	36°	40°	75°	120°
Fläche	□ cm^2	□ m^2	□ dm^2	□ cm^2	□ m^2	□ m^2

2,09 | 9,81 | 9,95 | 11,30 | 33,51 | 73,85

4. In einem Kreisausschnitt ist der Bogen b 37,68 m lang. Der Mittelpunktswinkel α ist 120°. Berechne den Radius, die Fläche und den Umfang des Kreisausschnittes.

5. Die Erdoberfläche besteht zu 29 % aus Land und zu 71 % aus Wasser. Zeichne eine farbige Kreisdarstellung.

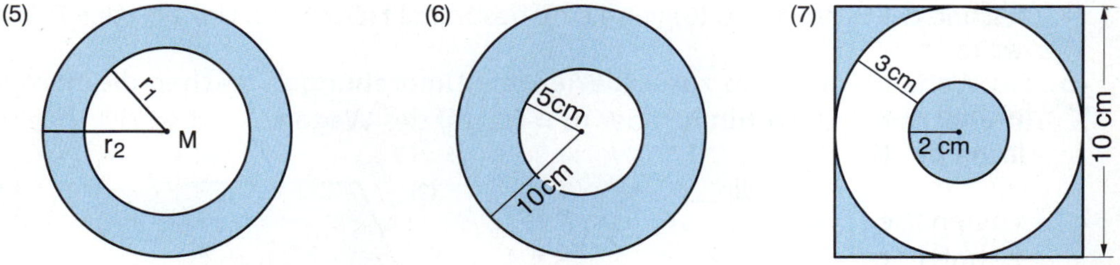

6. In ein kreisrundes Stück Pappe (r_2 = 9 cm) ist ein Loch geschnitten mit r_1 = 6 cm. Wie groß ist die Fläche des Kreisringes, Bild (5)?

7. Untersuche, ob die Fläche des Gesamtkreises doppelt so groß ist wie die Fläche des Kreisringes, Bild (6).

8. Wie groß ist der Abfall (blau), wenn man den Kreisring ausschneidet, Bild (7)?

Kreisausschnitt	$A = \pi \cdot r^2 \cdot \frac{\alpha}{360}$	$b = 2 \cdot \pi \cdot r \cdot \frac{\alpha}{360}$
Kreisring	$A = \pi \cdot r_2^2 - \pi \cdot r_1^2 = \pi \cdot (r_2^2 - r_1^2)$	

9.7 Vermischte Übungen

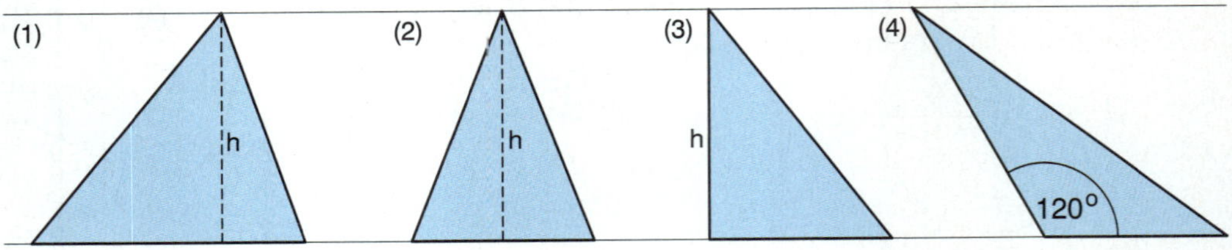

1. Die Dreiecke (1) bis (4) haben den Maßstab 1 : 2. Zeichne sie in wirklicher Größe. Wie groß ist ihr Flächeninhalt und Umfang? Die Maße entnimm der Zeichnung.

2. Berechne mit Hilfe des Satzes des Pythagoras die Seiten des gleichschenkligen Dreieckes in Bild (2) und die Länge der Hypotenuse in Bild (3). Vergleiche sie mit den gemessenen Werten in Aufgabe 1.

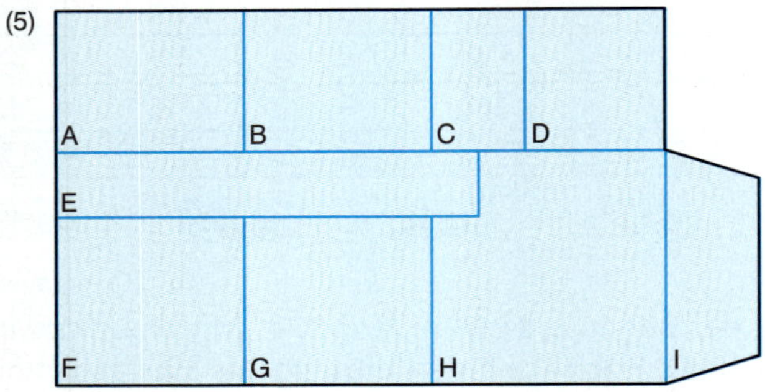

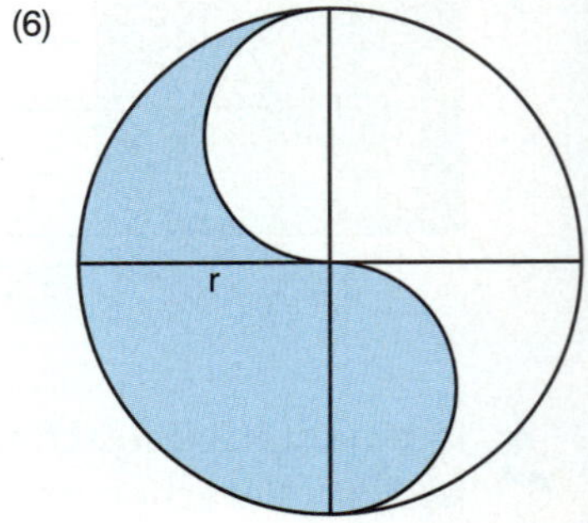

3. Der vereinfachte Grundriss eines Hauses ist im Maßstab 1 : 200 gezeichnet. Miss die Längen im Plan und berechne die Flächen der Räume und die Gesamtfläche, Bild (5).

4. Zeichne die Figur in Bild (6) (r = 4 cm), bestimme Fläche und Umfang der Teilflächen.

5. Ein Wagen legt 157 m zurück. Wie viele Umdrehungen machen die Vorderräder (d = 40 cm) und die Hinterräder (d = 50 cm) des Wagens?

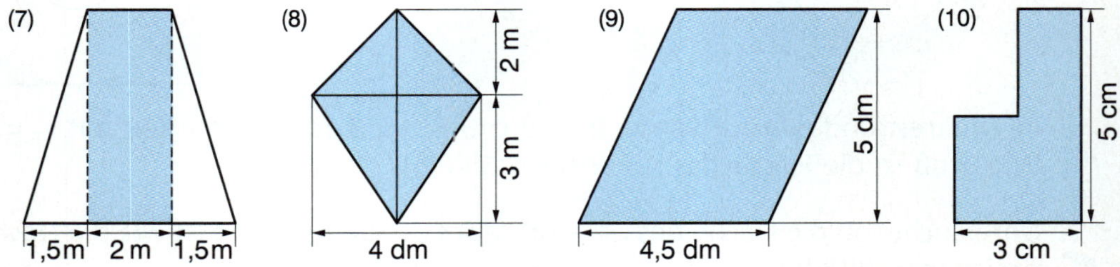

6. Übertrage die Figuren in den Bildern (7) bis (10) in dein Heft. Flächeninhalt?

7. Wie groß ist der Umfang der Figuren in den Bildern (7), (9) und (10)? Entnimm die fehlenden Maße deinen Zeichnungen aus Aufgabe 6.

8. Berechne den Umfang des Drachens in Bild (8).

1. Der Minutenanzeiger einer Wanduhr ist 11,5 cm lang, der Stundenzeiger 3 cm kürzer. Wie viel Meter legen die Spitzen der Zeiger in 24 Stunden zurück?

2. Die Uhr an der Peterskirche in Zürich hat das größte Zifferblatt in Europa. Der Minutenzeiger ist 4,80 m lang. Wie viel Meter legt seine Spitze in 24 Stunden zurück?

3. Welche Fläche bestreicht der Minutenzeiger der Züricher Uhr (Aufgabe 2) in einer Stunde?

4. Eine Zeitung erscheint täglich in einer Auflage von 120 000 Stück. Sie hat im Durchschnitt 18 beidseitig bedruckte Seiten im Format 0,45 m x 0,32 m. Welche Fläche könnte das Papier bedecken? Schreibe in Hektar.

5. Wie lang ist die Diagonale eines Rechtecks mit den Seiten a = 4,5 cm, b = 6 cm?

(1)

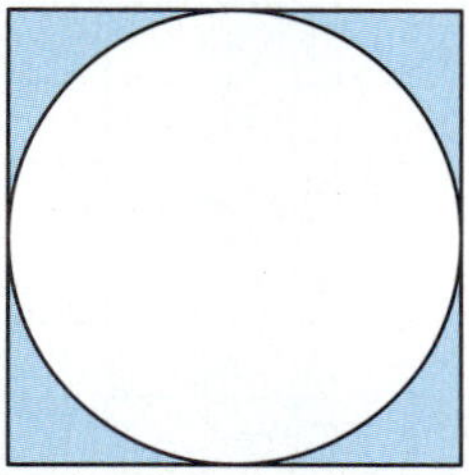

(2)

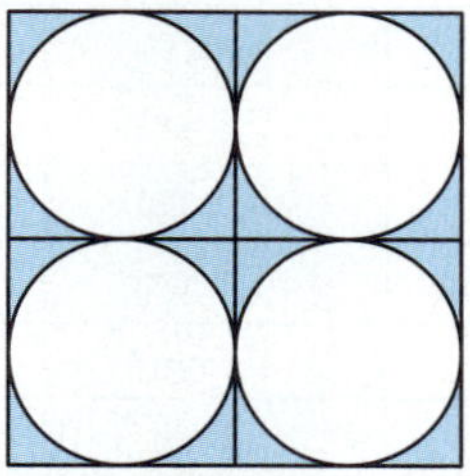

(3)

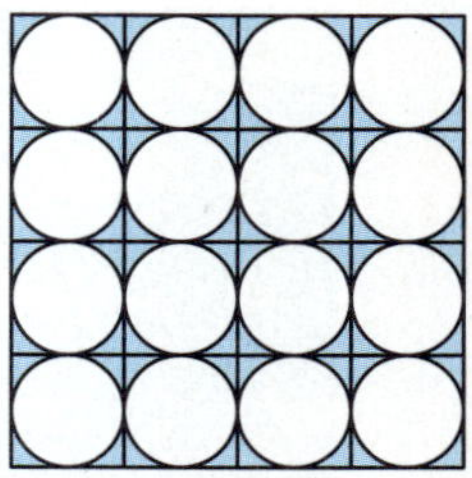

6. Aus den Quadraten (a = 1,60 m) werden Kreise wie in den Bildern (1) bis (3) geschnitten. Wie viel Abfall bleibt jeweils übrig?

7. Ein trapezförmiger Hof soll gepflastert werden. Die beiden parallelen Seiten sind 15 m und 7 m lang, die Höhe 9 m. Für 1 m^2 Fläche benötigt man 40 Pflastersteine. Wie viele Steine müssen mindestens bestellt werden?

(4)

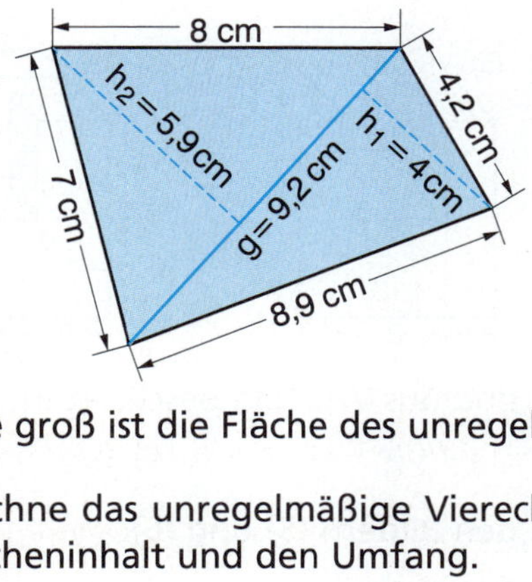

(5)

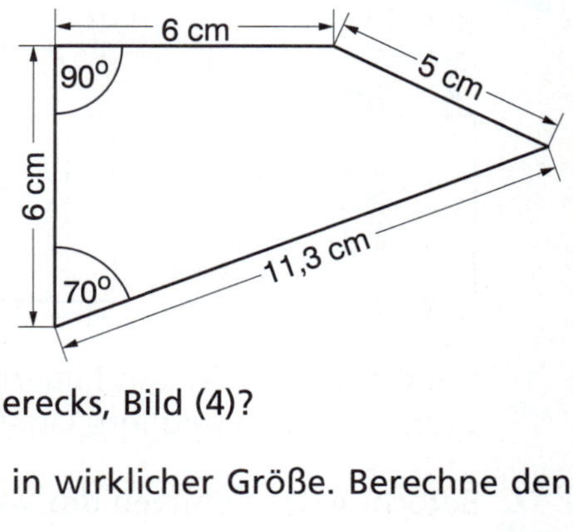

8. Wie groß ist die Fläche des unregelmäßigen Vierecks, Bild (4)?

9. Zeichne das unregelmäßige Viereck in Bild (5) in wirklicher Größe. Berechne den Flächeninhalt und den Umfang.

10. Zeichne ein beliebiges Dreieck. Halbiere die Seiten und verbinde die Mittelpunkte der Seiten miteinander. Wie viele Trapeze siehst du in der Figur?

10.1 Würfel und Quader

(1)

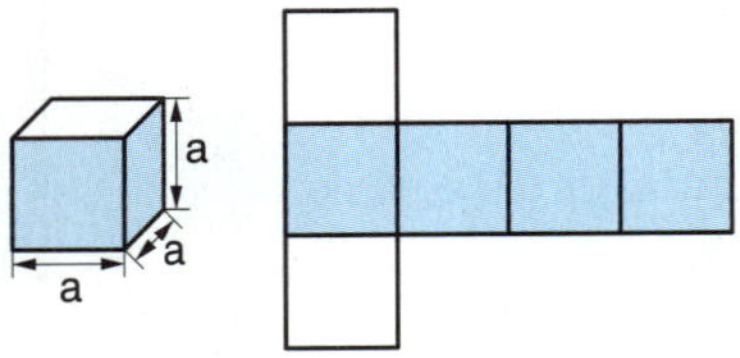

(2)

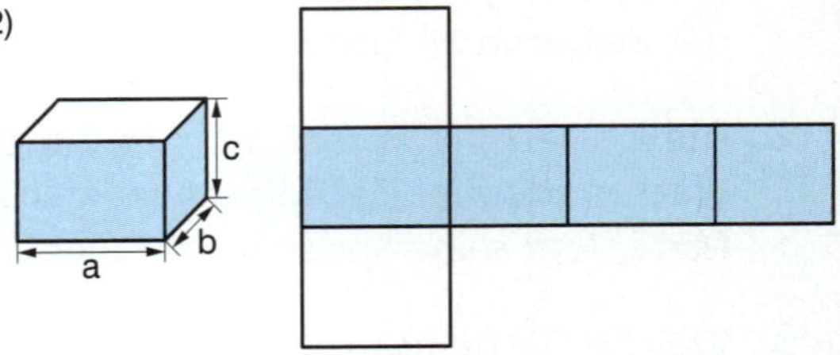

1. Ein Würfel hat eine Kantenlänge von 3 cm. Zeichne das Schrägbild und das Netz wie in Bild (1). Berechne das Volumen und die Oberfläche.

2. In Bild (2) ist die Oberfläche eines Quaders abgewickelt. Zeichne den Quader (a = 5 cm, b = 4 cm, c = 6 cm) und sein Netz. Berechne Oberfläche und Volumen.

3. Berechne die fehlenden Zahlen. Runde, wenn nötig, auf Zehntel.

Quader	a	b	c	d	e
Kante a	6,3 cm	7,5 cm	4,2 cm	□ m	2,4 cm
Kante b	5,4 cm	7,5 cm	□ cm	2,6 cm	8,5 cm
Kante c	9,2 cm	7,5 cm	6,2 cm	3,5 cm	□ cm
Volumen	□ cm^3	□ cm^3	130,2 cm^3	109,2 cm^3	122,4 cm^3
Oberfläche	□ cm^2	□ cm^2	□ cm^2	□ cm^2	□ cm^2

5 | 6 | 12 | 156,1 | 164,6 | 171,6 | 283,3 | 313 | 337,5 | 421,9

4. Eine Säule aus Granit (Dichte 2,8 $\frac{g}{cm^3}$) ist 1,80 m hoch und hat eine quadratische Grundfläche (a = 40 cm). Kann sie mit einem 1-t-Lkw transportiert werden?

5. Ein Holzwürfel (Dichte 0,8 $\frac{g}{cm^3}$) hat die Kantenlänge von 3 cm. Gewicht des Würfels?

(3)

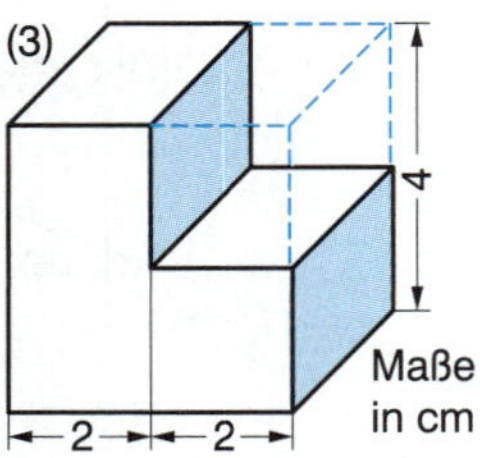

(4)

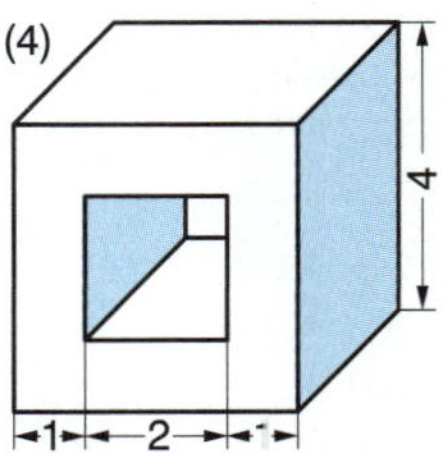

(5)

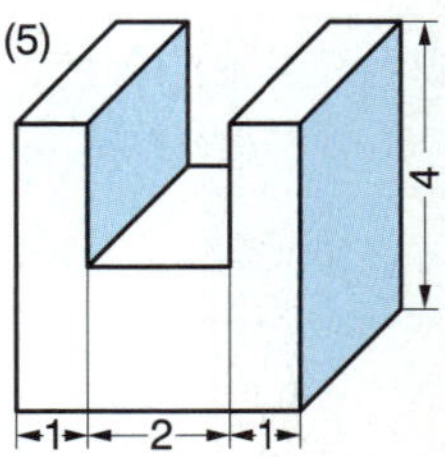

(6)

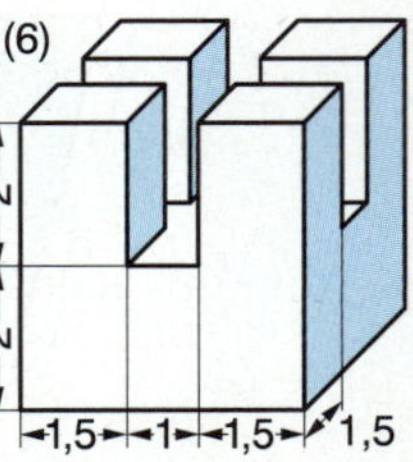

6. Die Werkstücke in den Bildern (3) und (4) sind aus Würfeln geschnitten. Wie groß ist ihr Volumen und ihre Oberfläche?

7. Berechne das Volumen der Werkstücke in den Bildern (5) und (6).

Würfel	$V = a^3$	$O = 6 \cdot a^2$	Quader	$V = G \cdot k$	$O = 2 \cdot G + M$	$M = u \cdot k$

0.2 Vielecksäulen

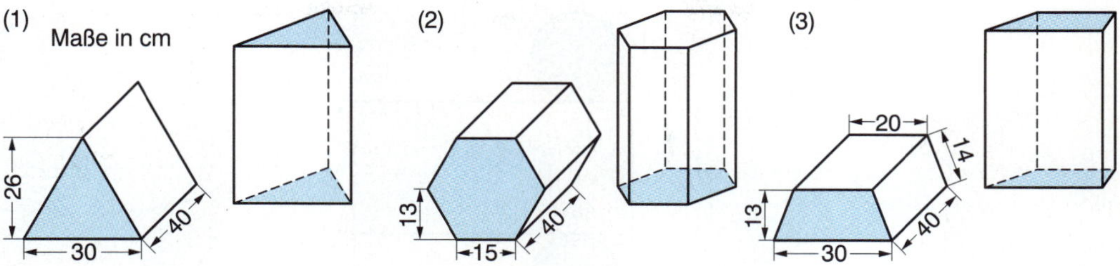

1. In den Bildern (1) bis (3) sind drei Körper in zwei verschiedenen Lagen dargestellt. Wie heißen die Säulen?

2. Alle Säulen in den Bildern (1) bis (3) haben die gleiche Körperhöhe von 40 cm. Berechne für jede Säule das Volumen.

3. Zeichne das Netz der Dreiecksäule. Nimm 1 cm für 10 cm. Oberfläche?

4. Zeichne das Netz der Trapezsäule. Nimm 1 cm für 10 cm. Oberfläche?

5. Eine Säule mit einem rechtwinkligen Dreieck als Grundfläche hat die Maße c = 5 cm, h_c = 3 cm, k = 12,5 cm. Berechne das Volumen.

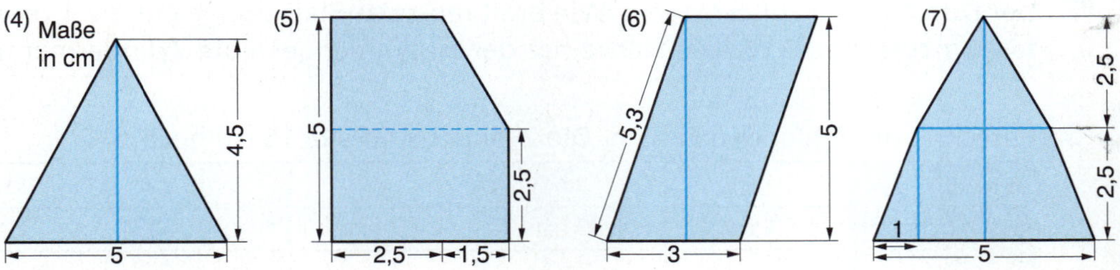

6. In den Bildern (4) bis (7) sind die Grundflächen von Säulen dargestellt. Wie heißen die Säulen?

7. Berechne die Oberfläche der Dreiecksäule in Bild (4) (k = 7 cm). Die Länge der Schenkel des Dreiecks berechne mit Hilfe des Satzes des Pythagoras.

8. Zerlege die Grundfläche der Fünfecksäule in Bild (5) in Teilflächen und berechne dann die Gesamtfläche. Wie groß ist das Volumen (k = 7 cm)?

9. Berechne für die Säule zu Bild (6) Volumen und Oberfläche (k = 7 cm).

10. Wie groß ist das Volumen der Fünfecksäule zu Bild (7) (k = 7 cm)?

11. Eine rechtwinklige Dreiecksäule mit den Katheten a = 12 cm und b = 16 cm hat ein Volumen von 1920 cm^3. Wie hoch ist die Säule?

Vielecksäule	$V = G \cdot k$	$O = 2 \cdot G + M$	$M = u \cdot k$

10.3 Zylinder und Kugel

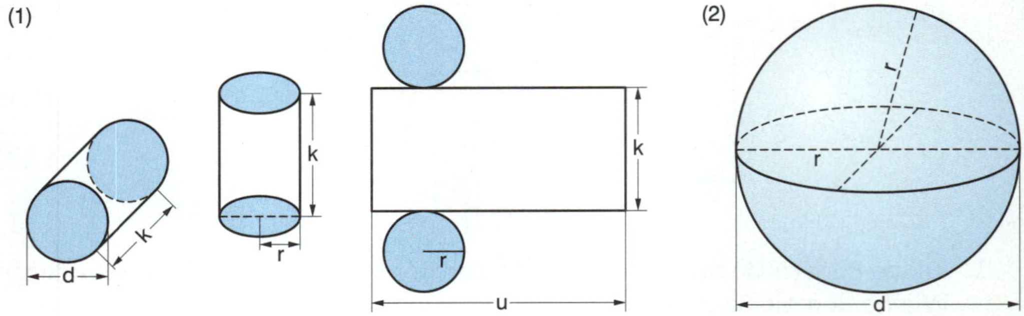

1. Bild (1) zeigt drei Darstellungen desselben Zylinders mit den Maßen r = 3 cm und k = 6 cm. Berechne Volumen und Oberfläche.

2. Ein Zylinder hat eine Grundfläche von 113,04 dm^2 und ein Volumen von 1 045,62 dm^3. Wie lang ist die Körperhöhe?

3. Ein zylinderförmiges Gefäß soll einen Durchmesser von 10 cm haben und einen Liter fassen. Wie hoch muss das Gefäß mindestens sein?

4. Aus einem Blatt Papier will Regina eine Röhre von 21 cm Länge zusammenkleben. Der Durchmesser soll 5 cm sein. Wie breit muss das Blatt sein, wenn sie 1 cm Klebefalz hinzurechnet? Welche Fläche hat der zusammengeklebte Zylindermantel?

5. Berechne die fehlenden Zahlen. Die Zylinder sind alle 15 cm hoch.

Zylinder	a	b	c	d	e
Radius	4 cm	7 cm	5,5 cm	☐ cm	☐ cm
Volumen	☐ cm^3	☐ cm^3	☐ cm^3	423,9 cm^3	188,4 cm^3
Oberfläche	477,28 cm^2	☐ cm^2	☐ cm^2	☐ cm^2	☐ cm^2

2 | 3 | 213,5 | 339,1 | 708,1 | 753,6 | 967,1 | 1 424,8 | 2 307,9

6. Eine Kugel hat einen Durchmesser von 24 cm. Berechne Volumen und Oberfläche.

7. Wie schwer ist eine Kugel aus Gold (Dichte 19,25 $\frac{g}{cm^3}$) mit d = 1 cm?

8. Die Oberfläche einer Kugel ist 28,26 m^2 groß. Wie lang ist ihr Durchmesser?

9. Eine würfelförmige Schachtel (a = 6 cm) enthält eine genau passende Kugel. Wie viel Prozent des Volumens des Würfels nimmt die Kugel ein?

Zylinder	$V = G \cdot k$ $\quad G = \pi \cdot r^2$ $\quad O = 2 \cdot G + M$ $\quad M = u \cdot k$ $\quad u = 2 \cdot \pi \cdot r$
Kugel	$V = \frac{4 \cdot \pi \cdot r^3}{3}$ oder $V = \frac{\pi \cdot d^3}{6}$ $\quad O = 4 \cdot \pi \cdot r^2$ oder $O = \pi \cdot d^2$

.0.4 Pyramide und Kegel

(1)
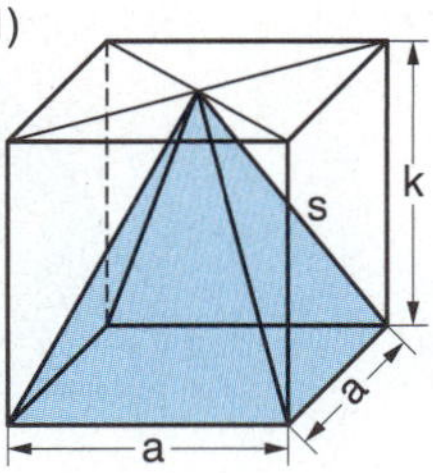

(2)
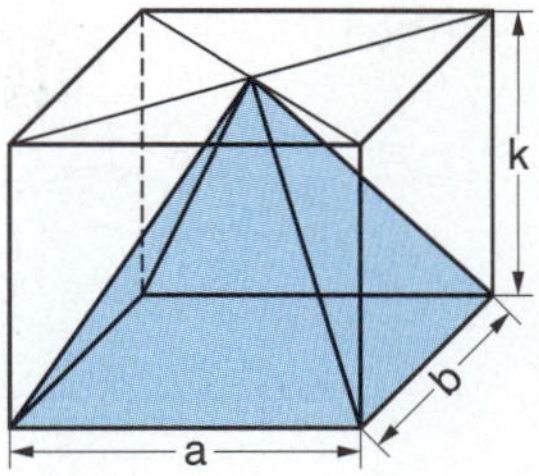

(3)
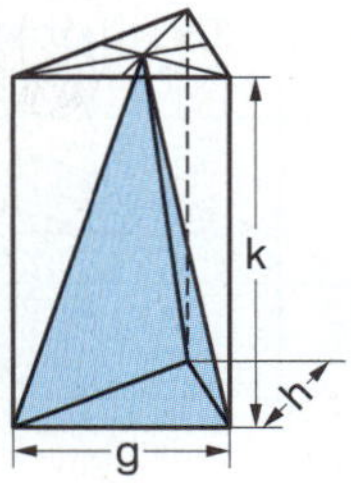

(4)
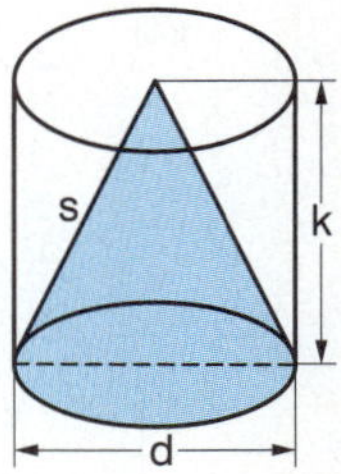

1. Zeichne einen Würfel (a = 5 cm) mit eingeschlossener Pyramide wie in Bild 1. Wie groß ist das Volumen des Würfels und der Pyramide?

2. Die Pyramide in Bild (2) hat eine rechteckige Grundfläche (a = 7,5 cm, b = 6 cm). Sie ist 8 cm hoch. Berechne das Volumen des Quaders und der Pyramide.

3. Bild (3) zeigt eine Pyramide mit einem gleichseitigen Dreieck als Grundfläche (g = 5 cm, h = 4,3 cm, k = 8 cm). Berechne das Volumen der Pyramide.

4. Zeichne das Netz der Pyramide in Bild (5). Berechne die Seitenhöhe h.

(5)
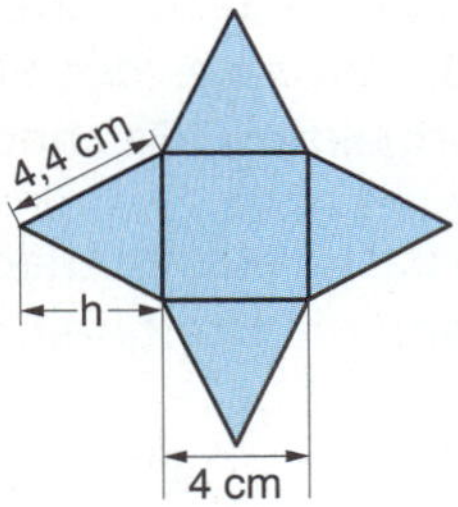

(6)
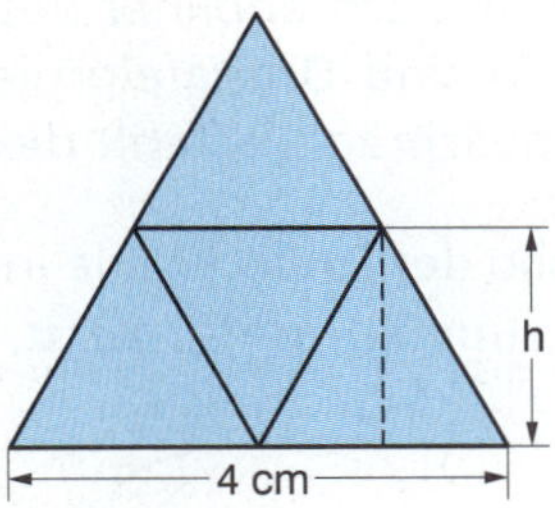

(7)
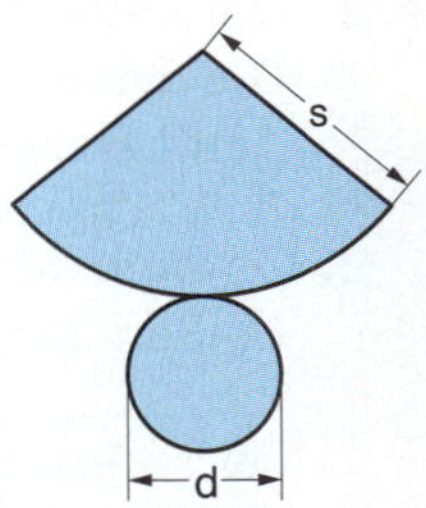

5. Zeichne das Netz der Pyramide in Bild (6). Die Oberfläche besteht aus vier gleichseitigen Dreiecken. Berechne eine Seitenhöhe und die Oberfläche der Pyramide.

6. In Bild (4) ist ein Zylinder (r = 4 cm, k = 8 cm) mit einem eingeschlossenen Kegel dargestellt. Berechne das Volumen des Zylinders und des Kegels.

7. Welche Form hat der Mantel eines Kegels, Bild (7)? Berechne die Grundfläche, die Mantelfläche und die Oberfläche des Kegels (r = 6 cm, s = 7 cm).

8. Zeichne den Querschnitt des Kegels (r = 6 cm, s = 10 cm). Berechne die Körperhöhe k. Wie groß ist das Volumen des Kegels?

9. Zwei Kegel (r = 4,8 cm) sind mit den Grundflächen aufeinandergeklebt. Die Seitenhöhe s ist 6,5 cm lang. Wie groß ist die Oberfläche des so entstandenen Körpers?

10. Die Kegel aus Aufgabe 9 stehen mit den Spitzen aufeinander. Oberfläche des Körpers?

Pyramide	$V = \frac{G \cdot k}{3}$ $O = G + M$	Kegel	$V = \frac{G \cdot k}{3}$ $O = G + M$ $M = \pi \cdot r \cdot s$

10.5 Dreitafelprojektion

(1)

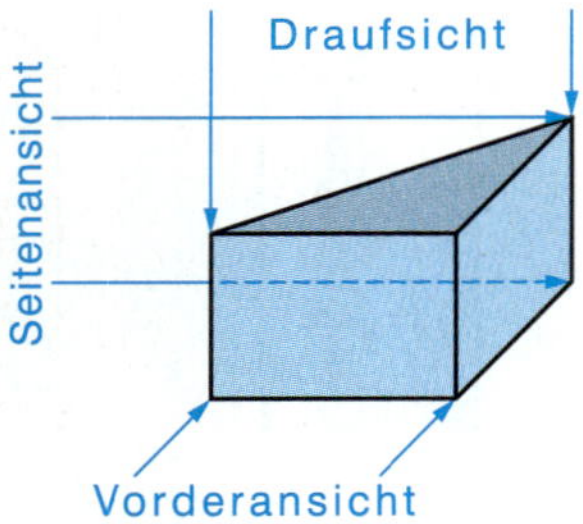

(2)

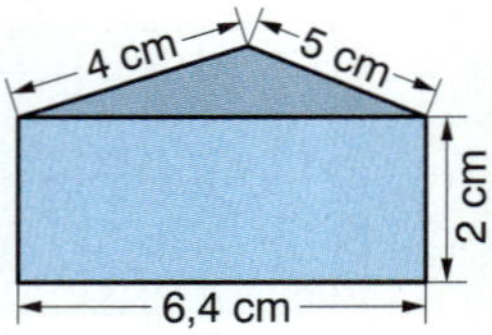

(3)

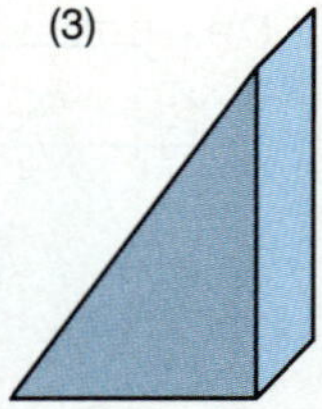

(4)

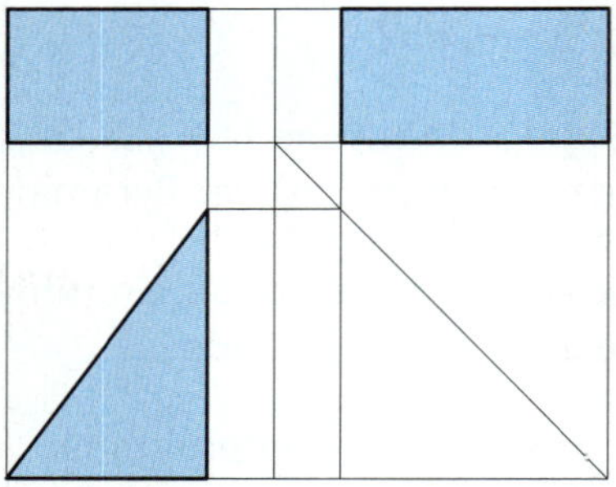

(5)

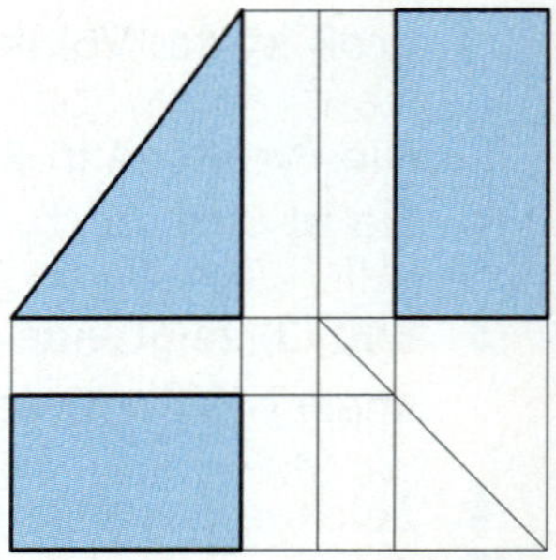

1. Die Bilder (1) bis (3) sind Schrägbilder desselben Körpers in verschiedenen Lagen. Die Bilder (4) und (5) sind Dreitafelprojektionen, die zu zwei der Schrägbilder gehören. Zu welchem Schrägbild fehlt die Dreitafelprojektion? Zeichne sie.

2. Zeichne das Schrägbild der Dreiecksäule in Bild (3), so dass die Seitenfläche mit den Maßen 2 cm x 5 cm zum Betrachter zeigt. Zeichne dann die Dreitafelprojektion.

(6) Maße in mm

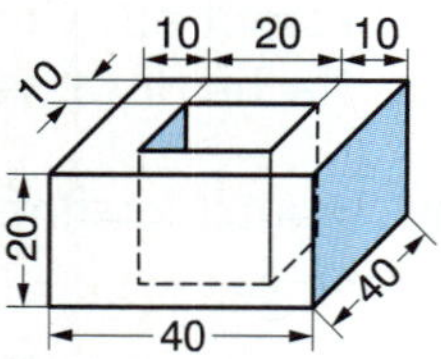

(7)

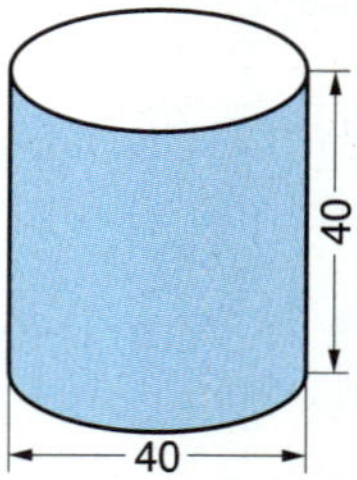

(8)

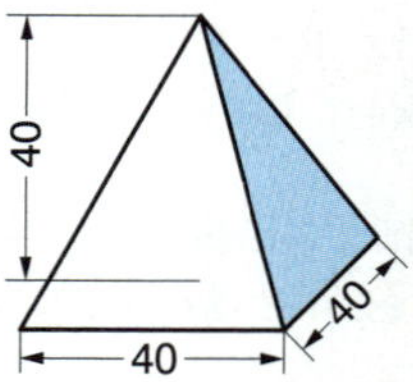

(9)

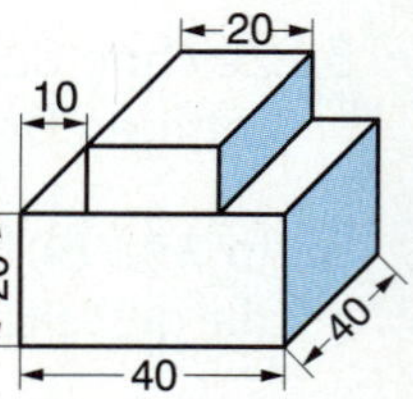

3. In Bild (6) ist ein Werkstück abgebildet, in dessen Mitte sich ein quadratisches Loch befindet. Zeichne die Dreitafelprojektion.

4. Zeichne die Dreitafelprojektion des Zylinders in Bild (7).

5. Zeichne die Dreitafelprojektion der quadratischen Pyramide in Bild (8).

6. Zeichne die Dreitafelprojektion des in Bild (9) abgebildeten Werkstücks.

7. Zeichne die Dreitafelprojektion einer Halbkugel (d = 4 cm), die auf der Kreisfläche liegt.

8. Zeichne die Dreitafelprojektion eines Kegels mit r = 3 cm und k = 4 cm.

10.6 Vermischte Übungen

1. Das Bild zeigt den vereinfachten Grundriss einer Wohnung. Wie groß ist die Wohnfläche?

2. Wie groß ist die Fläche der einzelnen Räume?

3. Die Wohnung in Bild (1) soll für 1 280 $\frac{€}{m^2}$ verkauft werden. Nenne den Verkaufspreis.

4. Eine Wohnung wird für 107 800 € zum Verkauf angeboten. Sie hat eine Wohnfläche von 80 m^2. Wie viel Euro kostet 1 m^2?

5. Alle Räume der Wohnung sind 2,90 m hoch. Wie viel m^3 Luft enthält die Wohnung, wenn man 3 % der Gesamtfläche für die Trennwände abrechnen kann?

(1)

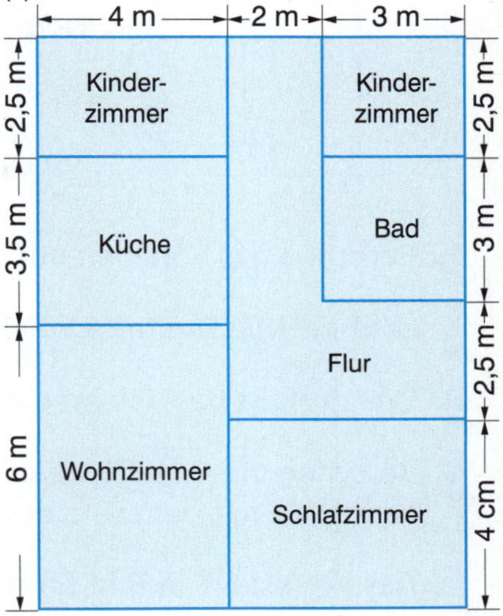

6. Eine Baugrube soll ausgehoben werden. Sie ist 118 m lang, 16 breit und 3,40 tief. Wie viel m^3 Erde müssen bewegt werden?

7. Ein Kegel mit einem Durchmesser von 15,2 cm hat eine Höhe von 12 cm. Wie groß ist sein Volumen und seine Oberfläche?

8. Ein kreisförmiges Eisenblech hat einen Durchmesser von 125 cm. Es ist 5 mm dick. Wie schwer ist es (Dichte 7,8 $\frac{g}{cm^3}$)?

9. Eine steinerne Pyramide mit einer quadratischen Grundfläche (a = 30 cm) ist 60 cm hoch. Sie wiegt 45 kg. Berechne die Dichte.

10. Ein Zylinder ist 16,5 cm hoch. Er hat ein Volumen von 1 865,16 cm^3. Wie groß ist der Radius des Kreises? Berechne die Oberfläche.

11. Die Mantelfläche eines Zylinders ist 471 cm^2 (k = 15 cm). Berechne die Oberfläche und das Volumen.

12. Berechne die fehlenden Zahlen. Alle Körper sind 10 cm hoch. Die fehlenden Zahlen findest du in den Kästchen.

Grundfläche	△	△	▭	▭	▱
Grundseite	51,7 cm	4,7 dm	26,2 m	☐ cm	112 mm
Höhe	12,4 cm	☐ dm	15,50 m	52 cm	15 mm
Volumen	☐ cm^3	117,5 dm^3	☐ m^3	1 976 cm^3	☐ mm^3

5 | 3,8 | 4 061 | 16 800 | 3 205,4

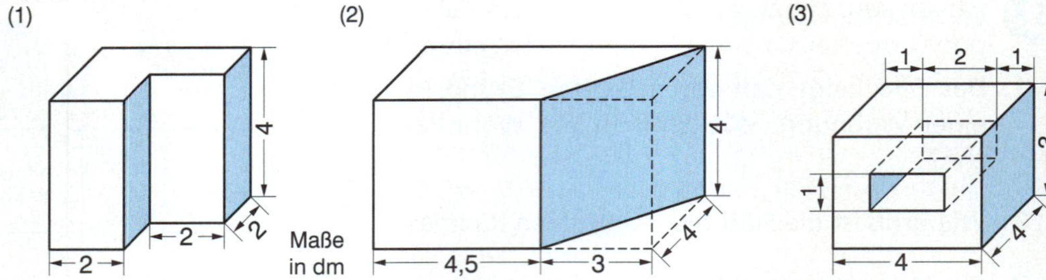

1. Berechne das Volumen und die Oberfläche des Werkstückes in Bild (1).

2. Zeichne eine Dreitafelprojektion des Werkstückes in Bild (1).

3. Wie groß ist das Volumen des Werkstückes in Bild (2)?

4. Berechne die Oberfläche des Werkstückes in Bild (2). Die Länge der Schnittfläche kannst du mit dem Satz des Pythagoras ausrechnen.

5. Das Werkstück in Bild (3) ist aus Gusseisen (Dichte 7,25 $\frac{kg}{dm^3}$). Wie viel Kilogramm wiegt das Werkstück?

6. Eine Schleusenkammer ist 110 m lang und 55 m breit. Zum Durchschleusen eines Schiffes wird der Wasserspiegel um 85 cm angehoben. Wie viel m^3 Wasser werden in die Schleusenkammer gepumpt?

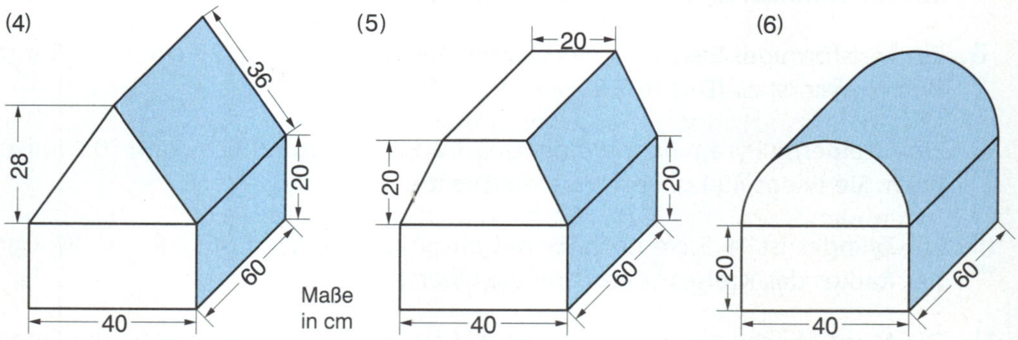

7. Wie groß ist das Volumen und die Oberfläche des Modells in Bild (4)?

8. Zeichne die Dreitafelprojektion des Modells in Bild (5).

9. Wie groß ist das Volumen des Modells in Bild (5)?

10. Berechne die Oberfläche des Modells in Bild (5). Du musst den Satz des Pythagoras zu Hilfe nehmen.

11. Zeichne die Dreitafelprojektion des Modells in Bild (6).

12. Wie groß sind Volumen und Oberfläche des Modells in Bild (6)?

1. Fabian fährt in den Ferien mit seinem Fahrrad zu seinen Großeltern. Bei der Hinfahrt fährt er um 10 Uhr ab und ist um 12.30 Uhr am Ziel. Er fährt mit einer durchschnittlichen Geschwindigkeit von 16 $\frac{km}{h}$. Auf der Rückfahrt fährt er um 19.20 Uhr los. Seine durchschnittliche Geschwindigkeit beträgt 15 $\frac{km}{h}$. Unterwegs macht er 15 Minuten Pause. Wann ist er wieder zu Hause?

2. Ein Autofahrer erkennt 50 m hinter einer engen Kurve ein Hindernis auf der Fahrbahn. Bei einer Geschwindigkeit von 60 $\frac{km}{h}$ beträgt der Bremsweg 36 m. Die Reaktionszeit des Fahrers beträgt 1 Sekunde. Kommt das Auto rechtzeitig zum Stehen?

3. Nach einer Prüfung wurden 80 % der Bewerber aufgenommen. Nach einem Jahr wechselten 30 % den Arbeitsplatz. Wie viel Prozent der Bewerber blieben?

4. Ein Beamter erhält als Ruhegeld 75 % seines Gehaltes. Im Sterbefall erhält die Witwe 60 % des Ruhegeldes. Wie viel Prozent des letzten Gehaltes sind es?

5. Herr Sattmann hat in seinem Testament verfügt, dass seine Frau die Hälfte des Ersparten, die Tocher das Doppelte des Anteiles des Sohnes bekommt. Die Ersparnisse betrugen 45 600 €. Wie viel Euro entfielen auf die Erben?

6. In diesem Jahr dürfen in Nord- und Ostsee wegen der Überfischung nur 5 230 t Dorsch und Kabeljau gefangen werden . Im Jahr zuvor waren es noch 9 200 t. Um wie viel Prozent ist die erlaubte Menge geringer geworden?

7. Zeichne ein beliebiges unregelmäßiges Viereck wie im Bild. Halbiere die Seiten und verbinde die Punkte im Uhrzeigersinn. Welche Teilfiguren sind entstanden?

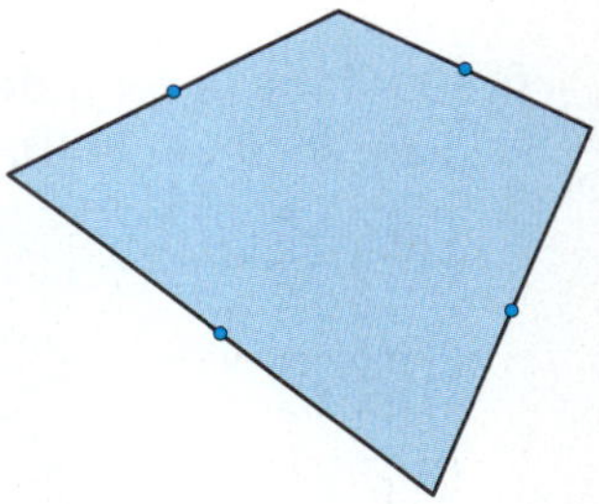

8. Zwei Kreise rollen umeinander. Der erste Kreis hat einen Radius von 4 cm, der zweite Kreis einen Durchmesser von 12 cm. Nach wie viel Umdrehungen berühren sie sich wieder am Ausgangspunkt?

9. Ein zylinderförmiger Krug ist innen 21,5 cm hoch. Er hat einen äußeren Durchmesser von 8,4 cm und einen Innendurchmesser von 8 cm. Der Boden ist 4 mm dick. Runde immer auf Zehntel. Wie viel wiegt der leere Krug (Dichte 2,2 $\frac{g}{cm^3}$)?

In diesen magischen Quadraten ergeben die Produkte der drei Zahlen vertikal, diagonal und horizontal immer das gleiche Ergebnis. Prüfe und ergänze.

10.

2	256	8
64	16	4
32	1	128

11.

0,1		
12,8		$\frac{1}{20}$
0,4		

12.

	1,6	0,05
	0,4	
	0,1	

13.

	4	
	$\frac{1}{4}$	
$\frac{1}{2}$	$\frac{1}{64}$	

Straßenverkehr

1. Das Schaubild zeigt das Verhältnis der Einwohnerzahl Deutschlands zum Bestand an Personenkraftwagen (auf Mio. gerundet). Um wie viel Prozent ist die Einwohnerzahl und der Bestand an PKW von 1990 bis 2000 gestiegen?

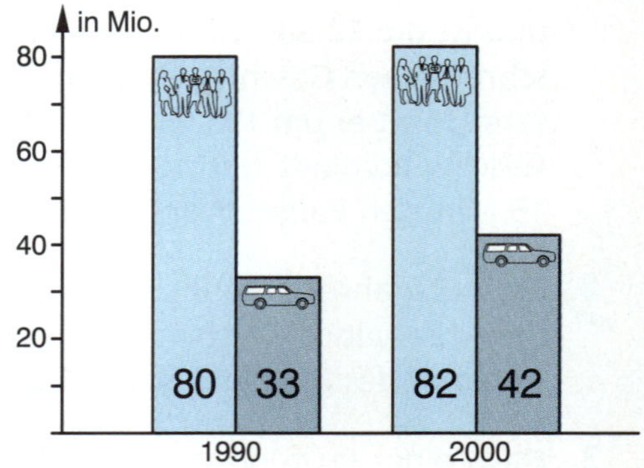

2. Im Jahre 1999 besaßen von 1 000 Einwohnern 516 einen PKW. Wie viele waren es bei 1 000 000 Einwohnern, wie viele bei 82,2 Millionen in Deutschland?

3. Im Jahr 1950 kamen auf einen Personenkraftwagen 73 Personen. Wie viele Personen waren es im Jahre 2000 (siehe Aufg. 1)?

4. Im vorigen Jahr gab es in Deutschland bei 396 000 Verkehrsunfällen mit Personenschaden 7 800 Tote und 521 000 Verletzte. Wie viele waren es bei 1 000 Unfällen? Wie viel Unfälle waren es durchschnittlich an einem Tag?

5. Nicole will die laufenden Kosten für die Unterhaltung eines Mofas ausrechnen. Sie denkt, dass sie jährlich rund 1 000 km zurücklegt. Auf 100 km verbraucht sie etwa 2 *l* Kraftstoff. Der Kraftstoff kostet 1,09 €. Die Haftpflichtversicherung kostet 55 € im Jahr. Für Reparaturen und anderes rechnet sie mit 40 € im Jahr. Wie viel kostet der Unterhalt voraussichtlich in einem Monat?

6. Die Tabelle zeigt den Reaktionsweg eines Fahrzeugs bei normaler Reaktionszeit des Fahrers und den Bremsweg auf trockener Straße. Ergänze die fehlenden Zahlen.

Geschwindigkeit ($\frac{km}{h}$)	10	20	30	40	50	60	70	80	90	100
Reaktionsweg (m)	3	6	9	12	15					
Bremsweg (m)	1	4	9	16	25					

7. Reaktionsweg und Bremsweg bilden zusammen den Anhalteweg. Wie lang ist der Anhalteweg bei einer Geschwindigkeit von 10 $\frac{km}{h}$, 20 $\frac{km}{h}$, 40 $\frac{km}{h}$, 60 $\frac{km}{h}$ und 80 $\frac{km}{h}$? Die Geschwindigkeit ist doppelt so hoch. Wird der Anhalteweg doppelt so lang?

8. Ein Pkw fährt mit einer Geschwindigkeit von 60 $\frac{km}{h}$. Plötzlich sieht die Fahrerin in 40 m Entfernung ein Hindernis. Kann sie den Wagen rechtzeitig zum Stehen bringen?

9. In einer 2,5 km langen Ortsdurchfahrt sind die Verkehrsschilder ausgewechselt worden. Statt 50 $\frac{km}{h}$ sind nur noch 30 $\frac{km}{h}$ als Höchstgeschwindigkeit erlaubt. Wie viel Minuten muss ein Autofahrer jetzt länger fahren, wenn er die erlaubte Höchstgeschwindigkeit ausnutzt?

Wasser und Strom

1. Entnimm dem Schaubild, wie viel Liter Wasser an einem Tag ein Einwohner der Bundesrepublik Deutschland verbraucht. Berechne dann die Verbrauchsanteile in Prozent. Runde auf Zehntel.

2. Familie Schröder lebt in einem 4-Personen-Haushalt. Wie viel Kubikmeter Wasser verbraucht die Familie in einem Monat mit 30 Tagen? Trinkwasser und Abwasser kosten zusammen 3,26 € pro m^3. Wie hoch sind die Kosten? Runde auf Cent.

3. Im Bad tropft ein Wasserhahn. Alle 2 Sekunden fällt ein Tropfen mit $\frac{1}{20}$ cm^3 Inhalt. Wie viel cm^3 sind es in einer Minute? Wie viel Liter sind es in 24 Stunden?

4. Wenn im Haushalt nur ein Wasserhahn tropft, gehen im Jahr rund 800 *l* Wasser verloren. Wie viel Liter wären es, wenn in 150 Haushalten ein Hahn tropft? Wasser und Abwasser kostet zusammen 3,26 € pro Kubikmeter. Wie teuer ist das verlorene Wasser? Runde auf Euro.

5. Ein herkömmlicher Spülkasten in der Toilette spült bei einer Benutzung mit 9 *l* Wasser. In einem 4-Personen-Haushalt wird durchschnittlich 20-mal gespült. Ein Sparspülkasten fasst nur 6 *l*. Wie viel Ersparnis bringt er bei 20 Spülungen?

6. In einer Familie wird durchschnittlich 25-mal in der Woche geduscht. Dabei werden rund 32,5 kWh Strom und 1 m^3 Wasser verbraucht. 1 kWh Strom kostet 16,6 Cent, 1 m^3 Wasser mit Abwasser 3,26 €. Wie teuer ist ein Duschbad im Durchschnitt?

7. Für eine Kochwäsche verbraucht eine Waschmaschine 2,5 kWh Strom und 100 *l* Wasser. Wie teuer ist der Waschvorgang? Preise für Strom und Wasser s. Aufgabe 6.

8. Im Jahresdurchschnitt brennen bei Familie Baumann täglich 5 Stunden 6 Glühbirnen zu je 60 Watt. Wie viel kWh verbrauchen die Lampen in einem Jahr (365 Tage)? Wie viel kostet der Stromverbrauch (1 kWh kostet 16,6 Cent)?

9. Familie Baumann will die 6 Lampen durch moderne Sparlampen ersetzen. Sie hofft, dass sie dadurch ca. 80 % Strom einsparen kann. Berechne die Einsparung (s. Aufg. 8).

Die Bundesländer

Bundesländer	Einwohnerzahl in Mio.	%
Schleswig-Holstein	2,8	3,4
Hamburg	1,7	2,1
Niedersachsen	7,9	9,6
Bremen	0,7	0,9

1. Vervollständige die Tabelle mit allen Bundesländern. Du findest die Einwohnerzahlen in der Karte. Berechne dann in Prozent den Anteil der einzelnen Bundesländer an der Einwohnerzahl der Bundesrepublik Deutschland.

2. Ordne die Bundesländer nach der Größe ihrer Einwohnerzahl. Beginne mit der größten Einwohnerzahl. Schreibe sie untereinander auf.

3. Im Jahr 2000 lebten 82,16 Millionen Einwohner in Deutschland. Mit 40,26 Mio. Einwohnern betrug der männliche Anteil 49 %. Wie viele weibliche Einwohner gab es in Deutschland?

4. In Berlin ist der Anteil der ausländischen Bewohner am höchsten. Von 3,39 Mio. Berlinerinnen und Berlinern sind 13 % Ausländer. Wie viele sind es?

5. Den geringsten Anteil an Ausländern hat das Bundesland Thüringen. Bei einer Bevölkerungszahl von 2,4 Mio. leben dort 45 000 ausländische Bewohner. Wie viel Prozent sind es? (Schreibe die Zahl 45 000 als Mio.)

Baden-Würtemberg	35 800	Hessen	21 100	Sachsen	18 400
Bayern	70 500	Meckl.-Vorpommern	23 100	Sachsen-Anhalt	20 400
Berlin	900	Niedersachsen	47 600	Schleswig-Holstein	15 800
Brandenburg	29 100	Nordrhein-Westfalen	34 100	Thüringen	16 200
Bremen	400	Rheinland-Pfalz	19 900		
Hamburg	800	Saarland	2 600		

6. In der Tabelle sind die Flächen der Bundesländer in Quadratkilometer aufgeführt. Wie viel Quadratkilometer Fläche hat Deutschland?

7. Die Bevölkerungsdichte ist die durchschnittliche Anzahl der Einwohner auf der Fläche von einem Quadratkilometer. Wie groß ist die Bevölkerungsdichte in dem flächenmäßig größten Bundesland (siehe Aufgabe 1)? Runde auf eine ganze Zahl.

8. Wie groß ist die Bevölkerungsdichte im flächenmäßig kleinsten Bundesland?

9. Wie groß ist die Bevölkerungsdichte in Berlin?

Die Europäische Union

Land	Fläche in km²	Einwohner in Mio.
Deutschland	357 022	83,1
Belgien	30 518	10,3
Dänemark	43 094	5,3
Finnland	304 529	5,2
Frankreich	543 965	59,3
Griechenland	131 626	10,6
Großbritannien	243 820	59,3
Irland	70 273	3,7
Italien	301 316	57,5
Luxemburg	2 586	0,4
Niederlande	41 526	15,9
Österreich	83 859	8,1
Portugal	31 906	10,0
Schweden	410 934	8,9
Spanien	504 790	39,6
Insgesamt		

1. Die Tabelle zeigt die Länder, die 2002 der Europäischen Union angehören. Wie groß ist die Gesamtflache diese Länder?

2. In der Tabelle findest du auch die Einwohnerzahl der einzelnen Länder. Berechne die gesamte Einwohnerzahl der 16 Länder der Europäischen Union (EU).

3. Entnimm der Tabelle die Fläche des kleinsten und des größten Landes. Runde sie auf Tausend. Wie viel Prozent der Gesamtfläche nehmen diese beiden Länder ein?

4. Die Besiedlungsdichte eines Landes ist die durchschnittliche Anzahl der Bewohner, die auf 1 km² der Fläche lebt. In Deutschland leben 83 123 000 Einwohner auf 357 022 km². Runde für die Rechnung die Zahlen auf Tausend und das Ergebnis auf eine ganze Zahl.

5. Entnimm der Tabelle die Größe der Flächen und die Einwohnerzahl für die Länder Irland, Dänemark und Portugal. Berechne die Besiedlungsdichte. Runde wie in 4.

6. In den Niederlanden ist die Besiedlungsdichte 382 Einwohner pro km², die Fläche des Landes ist rund 42 000 km² groß. Wie groß ist die Bevölkerungszahl?

7. Die EU wird 2004 erweitert. Dadurch vergrößert sich ihre Fläche auf 4,03 Mio. km². Welche Fläche nehmen die Beitrittsländer ein? Siehe Aufgabe 1.

8. Mit der Erweiterung wächst die Einwohnerzahl der EU von rund 377 Mio. auf 452 Mio. Wie viel Prozent beträgt der Zuwachs? Runde auf Zehntel.

9. Das Beitrittsland Polen hat eine Fläche von 312 605 km². Auf 1 km² leben durchschnittlich 123 Einwohner. Berechne die Bevölkerungszahl des Landes. Runde auf Hunderttausend.

Wiederholungs- und Prüfungsaufgaben

1. Eine Terrasse sollte ursprünglich mit 120 Platten zu 0,25 m^2 ausgelegt werden. Es stehen nur Platten von 60 cm · 50 cm Größe zur Verfügung. Wie viele Platten benötigt man?

2. $1{,}5 - \frac{2}{5}$ $\quad$ $3\frac{1}{4} + 0{,}3$ $\quad$ $5\frac{1}{2} : 0{,}4$ $\quad$ $0{,}9 \cdot \frac{3}{4}$ $\quad$ $\frac{1}{4} \cdot 0{,}3 : \frac{1}{2}$

3. Ein Sofa kostet 660 €. Wie hoch ist der Barzahlungsbetrag abzüglich 2 % Skonto?

4. 2,1 *l* + 17 dl $\quad$ 11 *l* – 5 dl $\quad$ 14 cl + 3 dl $\quad$ 4,2 cl – 25 ml

5. Für einen Kredit von 10 800 € werden in einem Jahr 1 566 € Zinsen gezahlt. Wie hoch ist der Zinssatz?

6. Die Fläche eines Dreiecks ist 82,50 cm^2 groß, die Höhe 10 cm lang. Wie lang ist die Grundseite des Dreiecks?

7. Zeichne ein Trapez mit a = 13,2 cm, h = 5,5 cm, $\alpha = 45°$ und $\beta = 45°$. Berechne die Fläche des Trapezes.

8. Zeichne das Netz einer quadratischen Pyramide. Die Grundkanten sind 50 mm lang. Die Höhe der Seitenflächen misst 62 mm. Wie groß ist die Oberfläche der Pyramide?

9. Das Herz eines erwachsenen Menschen schlägt ungefähr 100 000-mal in 24 Stunden. Wie viel Mal schlägt es in einer Stunde?

---

1. Ein Fahrrad kostet 420 €. Der Preis wird auf 357 € herabgesetzt. Wie viel Prozent beträgt der Preisnachlass?

2. 5 219 – 47 · 38 $\quad$ 434 + 837 : 31 $\quad$ 651 · (176 + 59)

3. Ein Vollwaschmittel wird in zwei Packungsgrößen angeboten: 4,5 kg zu 9,45 € und 3 kg zu 6,35 €. Vergleiche die Preise für 1 kg.

4. $x - \frac{2}{5} = \frac{1}{4}$ $\quad$ $x + 6{,}9 = 13{,}2$ $\quad$ $6x - 9 - 5x = 10$ $\quad$ $42 - x = 15$

5. Runde auf Cent.
6,7 % von 812 € $\quad$ 19,2 % von 6 524 € $\quad$ 78,1 % von 559,60 €

6. In einem gleichschenkligen Dreieck ist ein Schenkel 6,8 cm lang. Der Umfang des Dreiecks beträgt 18,8 cm. Zeichne das Dreieck und berechne seine Fläche.

7. Ein Würfel hat eine Kantenlänge von 4 cm. Zeichne sein Schrägbild und sein Netz. Berechne das Volumen und die Oberfläche.

8. 0,81 m – 36 cm $\quad$ 5,64 m + 88 dm $\quad$ 1,940 km – 50 m $\quad$ 3,2 dm + 15 mm

9. In einer Minute pumpt das Herz 5 Liter Blut durch den Körper. Wie viel Liter sind es in 1 Stunde, wie viel an einem Tag?

1. Ein Schwungrad macht in 4 Sekunden 10 Umdrehungen. Wie viele Umdrehungen macht es in 46 Sekunden?

2. Berechne den Prozentsatz. Runde auf Zehntel.
19 kg von 300 kg   7,2 km von 140 km   12,3 m^3 von 52 m^3

3. Zeichne ein Parallelogramm (a = 7,5 cm, b = 5,4 cm, $\beta = 55°$). Miss die Höhe. Wie groß sind Umfang und Fläche des Parallelogramms?

4. Nicole will verreisen. Sie hat 170,40 € angespart. Das sind 12 % des Gesamtpreises. Wie viel Euro kostet die Reise?

5. Von einer rechteckigen Pyramide sind die folgenden Maße bekannt: a = 5 cm, b = 6 cm und k = 7 cm. Wie groß ist das Volumen der Pyramide?

6. $\frac{2}{3} \cdot x = 4$ $\frac{45}{x} = 15$ $\frac{x}{3} - 8 = 2$ $\frac{60}{x} + 9 = 13$

7. Eine trapezförmige Auffahrt soll gepflastert werden. Die parallelen Seiten sind 6 m und 10 m lang, ihr Abstand beträgt 8 m. Für 1 m^2 Fläche werden 40 Steine benötigt. Wie viele Steine müssen mindestens bestellt werden?

8. $\frac{11}{12} + \frac{2}{15} - \frac{7}{10}$ $4\frac{1}{5} - 2\frac{3}{4}$ $2\frac{2}{3} \cdot 3\frac{1}{4}$ $10 : \frac{5}{6}$ $3\frac{8}{9} : 4\frac{1}{6}$

---

1. Ein Maurer kann eine 44 m^2 große Wand in 8 Stunden verputzen. Am ersten Tag kann er 5 Stunden arbeiten. Wie viel Quadratmeter Wandfläche hat er verputzt?

2. Runde das Ergebnis auf Zehntel.   235 : 1,67   716,9 : 51,6   107 : 0,0013

3. Ein Kredit von 1 800 € wird nach 300 Tagen zurückgezahlt. Wie viel Zinsen musste der Kreditnehmer bei einem Zinssatz von 15 % zahlen?

4. Berechne den Grundwert.
17 % des Grundwertes = 5 100 m   4,5 % des Grundwertes = 22,5 kg

5. $5x + 6x - 9 = 24$ $27 - 2x - 3x = 5x - 3$ $6x - 18 + 3 = 13 - x$

6. Eine Schleusenkammer ist 140 m lang und 61 m breit. Die Schiffe in der Kammer werden um 1,10 m gehoben. Wie viel m^3 Wasser werden eingepumpt? Wie viel Liter sind es?

7. In einem Rechteck ist die Grundseite 8 cm und die Höhe 5 cm lang. Zeichne das Rechteck. Wie groß sind der Umfang und die Fläche? Wie lang ist die Diagonale?

8. Aus einem quadratischen Blech mit einer Seitenlange von 15 cm wird die größtmögliche kreisrunde Scheibe geschnitten. Berechne den Verschnitt in Prozent.

1. Ein Kraftfahrer kann mit 20 l Benzin eine Strecke von 255 km fahren. Wie viel Kraftstoff braucht das Auto für 100 km Fahrstrecke?

2. Die Erde benötigt genau 365 d 5 h 48 min 46 s für einen Umlauf um die Sonne. Wie viel Sekunden sind es?

3. Berechne das Kapital. Zinsen: 519,75 € Zinssatz: 5,25 % Zeit: 330 Tage

4. Herr Sander hat vier Rechnungen zu bezahlen. Nach Abzug von 2 % Skonto überweist er: 420,42 €, 342,51 €, 286,04 €, 790,16 €. Wie hoch waren die Rechnungsbeträge?

5. Eine Silberschale wiegt 570 g (Stempel 835). Wie viel Gramm Silber enthält sie?

6. Zeichne das Rechteck aus a = 36 mm und b = 69 mm. Miss die Länge einer Diagonalen und berechne sie mit dem Satz des Pythagoras. Vergleiche.

7. Ein Kegel aus Glas (Dichte $2{,}8\,\frac{g}{cm^3}$) hat einen Radius von 4,4 cm und eine Höhe von 11 cm. Wie viel Gramm wiegt der Glaskegel?

8. Eine halbkugelförmige Kuppel mit einem Durchmesser von 18 m soll mit Kupferblech bedeckt werden. Für die Falze und den Verschnitt rechnet der Dachdecker 12 % zur errechneten Fläche hinzu. Wie viel Quadratmeter Kupferblech wird er bestellen?

---

1. Runde auf Hundertstel. $0{,}93^2$ $\sqrt{777}$ $5{,}06^2$ $\sqrt{1{,}9}$ $38{,}42^2$ $\sqrt{24{,}05}$

2. Ein Klassenraum ist 10,80 m lang, 7,80 m breit und 4,30 m hoch. Wie schwer ist die Luft die sich im Raum befindet (Dichte der Luft: $0{,}00129\,\frac{g}{cm^3}$)?

3. Berechne den Zinssatz. Kapital: 6 980 € Zinsen: 349 € Zeit: 8 Monate

4. Drei Freunde teilen sich einen Lotteriegewinn von 10 037,70 € im Verhältnis ihrer Einzahlungen mit 5 : 6 : 8. Wie viel Euro erhält jeder?

5. Wie hoch ist der Barzahlungsbetrag bei 2 % Skonto?
1 249,50 € 5 608,75 € 16 888,93 € 21 516,80 €

6. Familie Brunnhuber hat die Jahresabrechnung über den Stromverbrauch bekommen:
Verbrauch: 2 227 kWh Preis: 12 Cent pro kWh Stromsteuer: 0,2 Cent pro kWh
zuzüglich 16 % Mehrwertsteuer. Berechne den Rechnungsbetrag.

7. Eine Kugel hat einen Durchmesser von 70 mm. Wie groß sind die Oberfläche und das Volumen?

8. Eine rechteckige Pyramide aus Marmor (Dichte $2{,}7\,\frac{g}{cm^3}$) ist 92 mm hoch. Die Grundkanten sind 6,4 cm und 5,1 cm lang. Wie schwer ist die Pyramide? Oberfläche?

1. Ein Skiläufer legt bei einem Abfahrtslauf 35 m in der Sekunde zurück. Mit welcher Geschwindigkeit ($\frac{km}{h}$) fährt er?

2. In einer Wechselstube kann man 100 dänische Kronen (dkr) für 13,80 € kaufen. Tamara hat für 69 € dänische Kronen eingetauscht. Wie viel dkr bekam sie?

3. Berechne die Zinsen. Kapital: 11 750 € Zinssatz: 14,8 % Zeit: 200 Tage

4. Herr Senft hat sein Girokonto zweimal überzogen. Einmal 950 € für 20 Tage und 1 285 € für 13 Tage. Die Bank berechnet 18,75 %. Wie viel Zinsen muss er bezahlen?

5. Silke tankt für ihr Mofa ein Gemisch aus Benzin und Öl im Verhältnis 25 : 1. Benzin kostet 98,9 Cent pro Liter, 1 *l* Öl 8,16 €. Wie viel Euro kostet 1 *l* Gemisch?

6. Wie groß sind Durchmesser und Fläche eines Kreises mit dem Umfang 10,99 m?

7. Ein Dreieck hat die Katheten a = 4,5 cm und b = 6,1 cm. Wie lang ist die Hypotenuse?

8. Die beiden Säulen einer Eingangspforte tragen je eine Granitkugel von 3 dm Durchmesser. Wie schwer ist eine Kugel (Dichte von Granit 2,8 $\frac{g}{cm^3}$)?

---

1. Ein Graben von 1 060 m Länge soll ausgehoben werden. In den ersten 6 Tagen schaffen die Arbeiter 52 m am Tag. In den folgenden Tagen sind es täglich 16 m mehr. Nach wie viel Tagen ist der Graben ausgehoben?

2. $\frac{7}{10} - 0{,}593$ $4\frac{3}{4} + 2{,}091$ $5{,}6 - 1\frac{1}{5}$ $\frac{5}{8} + 0{,}53 - \frac{3}{5} + 2{,}8$

3. Für das Auslaufmodell einer Schrankwand bietet ein Einrichtungshaus 12 % Rabatt. Frau Kern kauft die Schrankwand und zahlt bar mit 3 % Skonto. Der alte Preis war 3 731 €. Wie viel Euro hat Frau Kern bezahlt?

4. Herr Lampe legt 5 000 € für 5 Jahre fest an. Die Zinsen werden bei einem Zinssatz von 8,5 % jährlich gutgeschrieben und mitverzinst. Wie hoch ist das Endkapital?

5. $12 - (x + 2) = 4$ $32 - (6 + x) = 11$ $21 - (3x + 4) = 2$

6. Ein mit Benzin gefüllter Behälter wiegt 470 kg. Er fasst 6 hl. Leer wiegt er 56 kg. Berechne die Dichte von Benzin.

7. Konstruiere das Dreieck aus a = 6 cm, c = 7 cm und Winkel $\gamma = 90°$. Miss die Länge der Seite b, dann berechne sie mit dem Satz des Pythagoras. Vergleiche.

8. Eine kreisförmige Scheibe hat einen Durchmesser von 38 mm. Sie ist 2,8 mm dick und wiegt 28,25 g. Berechne die Dichte des Materials.

1. Bei einer Telefongesellschaft kann man ein Telefon für 96,75 € kaufen oder für 4,50 € pro Monat mieten. Wie lange dauert es, bis die Kosten für den Kauf oder die Miete gleich groß sind?

2. $(+3) \cdot (-3) - (-40) : (+10)$ $(-1{,}2) : (-4) - (+5{,}6) : (+0{,}8)$

3. Ein Kupferwürfel wiegt 0,893 kg. Er hat ein Volumen von 100 cm^3. Dichte?

4. $9x - 3 \cdot (2x - 4) = 24$ $22 = 10x - 4 \cdot (2x - 3)$

5. In Bergdorf nahmen an der letzten Wahl 2 033 Bürger teil, wahlberechtigt waren 2 885. In Seedorf wählten von 2 133 Wahlberechtigten 1 512. Vergleiche die Wahlbeteiligung in Prozent.

6. Die Räder eines Wagens haben einen Durchmesser von 40 cm. Wie viele ganze Umdrehungen haben sie nach einem Kilometer Fahrt gemacht?

7. Die Diagonalen einer Raute sind 19 cm und 8,6 cm lang. Zeichne die Raute im Maßstab 1 : 2. Berechne den Flächeninhalt und den Umfang.

8. Ein kegelförmiges Gefäß soll oben einen Durchmesser von 10 cm haben. Es soll $\frac{1}{4}$ Liter Fassungsvermögen haben. Wie hoch muss das Gefäß mindestens sein?

---

1. Ein Ziegelstein ist 240 mm lang, 115 mm breit und 71 mm hoch. Er wiegt rund 3,5 kg. Berechne die Dichte. Runde auf Zehntel.

2. Schreibe als Zahl mit allen Nullen oder mit Zehnerpotenz.
3 600 000 $5{,}6 \cdot 10^7$ $4 \cdot 10^{-2}$ 0,009 0,0008 2 700 000 000

3. Drei Pumpen können einen Teich in 20 Stunden leer pumpen. Der Teich muss aber schon nach $7\frac{1}{2}$ Stunden leer sein. Wie viele Pumpen gleicher Leistung müssen eingesetzt werden?

4. Özlem zahlt zu Beginn eines jeden Monats 70 € auf ein Sparkonto. Begonnen hat sie am 1. Juni. Wie hoch war ihr Guthaben am Ende des Jahres (Zinssatz 2,5 %)?

5. Die Versicherungssumme eines Wohnhauses ist auf 490 000 € festgelegt. Die Jahresprämie beträgt 0,8 ‰. Wie hoch ist die Jahresprämie?

6. $2 \cdot (4x - 30) = 110 - 2 \cdot (3x + 15)$ $66 - 12 \cdot (2x - 2) = 2 \cdot (2x + 3)$

7. Ein Rohr hat einen Außendurchmesser von 51 mm und einen Innendurchmesser von 45 mm. Zeichne seinen Querschnitt und berechne die Fläche des Kreisringes.

8. Am Mast eines Senders sind in 60 m, 120 m und in 180 m Höhe Spannkabel befestigt. Alle sind 130 m vom Fußpunkt des Senders verankert. Wie lang sind die Spannkabel?